非线性规划的优化算法研究

汪春峰　著

科学出版社
北京

内 容 简 介

非线性规划问题在经济和工程等领域中普遍存在，具有广泛的应用价值．随着社会的发展，非线性规划问题的规模和结果也越来越复杂，要获得相应问题的最优解也变得越来越困难．最优化方法是解决这些问题强有力的工具，人们提出了许多求解非线性规划问题的最优化方法．这些方法在机理上大致可以分为确定性最优化方法和随机性最优化方法两类，这两种方法各有千秋．

本书介绍几个求解非线性规划问题的确定性最优化方法和随机性最优化方法．全书内容共 10 章，分为 PART Ⅰ 和 PART Ⅱ 两部分．PART Ⅰ 针对比式和规划、多乘积规划、几何规划等工程上出现的最优化问题，提出了几个有效的分支定界算法，并证明了算法的收敛性，该部分属于确定性最优化方法．PART Ⅱ 针对群智能最优化方法中的萤火虫算法及粒子群算法的改进做了研究，探讨了收敛性等相关问题，该部分属于随机性最优化方法．

本书面向优化领域的研究人员，包括人工智能、应用数学等专业的高年级本科生和研究生．

图书在版编目（CIP）数据

非线性规划的优化算法研究/汪春峰著．—北京：科学出版社，2024.6
ISBN 978-7-03-078236-6

Ⅰ．①非…　Ⅱ．①汪…　Ⅲ．①非线性规划-最优化算法-研究
Ⅳ．①O221.2

中国国家版本馆 CIP 数据核字（2024）第 058920 号

责任编辑：宋　丽　袁星星／责任校对：王万红
责任印制：吕春珉／封面设计：东方人华平面设计部

科学出版社出版
北京东黄城根北街 16 号
邮政编码：100717
http://www.sciencep.com

北京九州迅驰传媒文化有限公司印刷
科学出版社发行　各地新华书店经销
*
2024 年 6 月第　一　版　开本：B5（720×1000）
2024 年 6 月第一次印刷　印张：9 3/4
字数：201 000

定价：98.00 元

（如有印装质量问题，我社负责调换）
销售部电话 010-62136230　编辑部电话 010-62135763-2047

前　　言

在经济和工程等领域中，非线性规划问题普遍存在，它们往往具有复杂的非线性结构，存在多个局部最优解，因此要获得非线性规划问题的最优解比较困难. 如何寻求非线性规划问题的最优解一直是人们致力解决的问题.

本书是一本介绍确定性最优化方法和随机性最优化方法的学术专著，书中详细介绍了它们的基本原理及不同形式非线性规划问题求解算法的构造过程，供优化领域的研究者参考，希望起到抛砖引玉的作用.

本书包括 PART Ⅰ 和 PART Ⅱ 两部分. 在 PART Ⅰ 中，针对比式和规划、多乘积规划及几何规划等问题，介绍了有效求解它们的确定性方法——分支定界方法，并基于问题结构给出了相应的加速技巧的构造，证明了算法的收敛性. 确定性方法是一种应用广泛的算法，它能够保证算法求解结果的准确性和唯一性.

PART Ⅱ 针对随机性最优化算法中的萤火虫算法及粒子群算法的不足进行了改进，详细介绍了改进的动机和过程，提出了几个性能较好的改进算法，并在数值试验部分检验了它们的有效性.

本书将两种不同机制的算法合在一起介绍，方便优化研究工作者对两种算法的特点进行综合比较，以便深入探究如何将它们有效融合，从而提出兼有两类算法优势的混合算法.

感谢所有参与本书出版的编辑，他们的辛勤工作和不懈努力确保了本书得以高质量出版；感谢咸阳师范学院数学与统计学院院长任刚练教授和其他院领导的大力支持. 本书的出版受到了咸阳师范学院学术著作出版基金、重点学科（数学学科）建设项目、咸阳师范学院校级重点项目（项目编号：XSYK21044）及博士科研启动基金（项目编号：10502003610）的资助，在此一并表示感谢.

鉴于作者水平有限，书中难免存在不足和疏漏之处，恳请专家和读者批评指正.

汪春峰

2023 年 9 月

咸阳师范学院

目　　录

PART Ⅰ　确定性最优化方法

PART Ⅰ 确定性最优化方法

第 1 章　确定性最优化方法简介

当今世界，在分子生物学、地质环境、经济金融、信息技术和工业制造等领域中经常会遇到优化问题的求解，因此，最优化作为一门应用性比较强的学科，已经得到人们越来越多的重视，求解方法也越来越多．最优化方法的研究已经与我们生活的方方面面息息相关．最优化主要研究决策问题最佳选择的特性，构造寻求最优解的计算方法，并分析这些计算方法的理论性质及实际表现等内容．最优化方法及其理论方面的研究对改进算法、拓宽算法的应用领域及完善算法体系具有重要的作用．

最优化问题的一般数学模型如下：

$$\begin{aligned} \min \quad & f(\boldsymbol{x}). \\ \text{s.t.} \quad & g_i(\boldsymbol{x}) \leqslant 0, i=1,2,\cdots,k, \\ & g_j(\boldsymbol{x}) = 0, j=k+1,k+2,\cdots,m. \end{aligned} \tag{1-1}$$

其中，$\boldsymbol{x}=(x_1,x_2,\cdots,x_n)^{\mathrm{T}} \in \mathbf{R}^n, g_i(\boldsymbol{x}) \leqslant 0 (i=1,2,\cdots,k)$ 为不等式约束，$g_j(\boldsymbol{x})=0$ $(j=k+1,k+2,\cdots,m)$ 为等式约束，$f(\boldsymbol{x}):\mathbf{R}^n \to \mathbf{R}$ 称为目标函数，$D=\{\boldsymbol{x} \mid g_i(\boldsymbol{x}) \leqslant 0,$ $i=1,2,\cdots,k;\ g_j(\boldsymbol{x})=0, j=k+1,k+2,\cdots,m\}$．若 $D=\varnothing$，则称该问题为无约束最优化问题；若 $D \neq \varnothing$，则称该问题为约束最优化问题．

因为 $\max\{f(\boldsymbol{x}):\boldsymbol{x}\in D\} = -\min\{-f(\boldsymbol{x}):\boldsymbol{x}\in D\}$ 且 $g_i(\boldsymbol{x}) \geqslant 0 \Leftrightarrow -g_i(\boldsymbol{x}) \leqslant 0$，$g_i(\boldsymbol{x})=0 \Leftrightarrow g_i(\boldsymbol{x}) \leqslant 0$ 和 $-g_i(\boldsymbol{x}) \leqslant 0$，所以通过简单转换，最大化问题可以转化为上述最小化问题．

在问题（1-1）中，若满足以下条件，则称其为线性规划问题：

1）所有变量是连续的；

2）只有一个目标函数；

3）目标函数和约束函数都是线性函数．

线性规划问题是很重要的一类问题，原因是许多实际问题都可以描述为线性规划问题，如炼油管理、生产计划、人力资源分布计划、金融经济计划等．解决此类问题的通用方法是单纯形方法．

当线性规划问题的部分或全部变量要求取整数时，称上述问题为整数规划或整数线性规划问题．特别地，当 x 仅能取 0 或 1 时，上述问题称为 0-1 整数规划问题．

当 $f(\boldsymbol{x})$ 和 $g_i(\boldsymbol{x})$ 中至少有一个为非线性函数时，问题（1-1）就称为非线性规划问题．函数的非线性，会使问题的求解过程变得非常困难．本文所解决的问题均为非线性规划问题．

在问题（1-1）中，假定 $f(\boldsymbol{x})$ 是连续函数，且 $D\subseteq \mathbf{R}^n$ 是非空闭集．给出如下定义．

定义 1.1　若存在 $\boldsymbol{x}^*\in D$，使得对所有 $\boldsymbol{x}\in D$，有 $f(\boldsymbol{x}^*)\leqslant f(\boldsymbol{x})$，则称 $\boldsymbol{x}^*$ 为 $f(\boldsymbol{x})$ 在 D 上的一个全局极小点，对应值 $f(\boldsymbol{x}^*)$ 称为 $f(\boldsymbol{x})$ 在 D 上的一个全局极小值，记为 $\min f(D)$．能够确定出这样一个解的最优化方法称为全局最优化方法．

定义 1.2　若存在 $\boldsymbol{x}^*\in D$，使得对任意 $\boldsymbol{x}\in N(\boldsymbol{x}^*,\varepsilon)\cap D$，有 $f(\boldsymbol{x}^*)\leqslant f(\boldsymbol{x})$，则称 $\boldsymbol{x}^*$ 为 $f(\boldsymbol{x})$ 在 D 上的一个局部极小点，对应值 $f(\boldsymbol{x}^*)$ 称为 $f(\boldsymbol{x})$ 在 D 上的一个局部极小值，其中，ε 是一个小的实数，$N(\boldsymbol{x}^*,\varepsilon)$ 是一个以 $\boldsymbol{x}^*$ 为中心，以 ε 为半径的一个球，即 $N(\boldsymbol{x}^*,\varepsilon)=\{\boldsymbol{x}|\,\|\boldsymbol{x}-\boldsymbol{x}^*\|<\varepsilon\}$．能够确定出这样一个解的最优化方法称为局部最优化方法．

由定义 1.1 和定义 1.2 知，局部极小点未必是全局极小点．

定义 1.3　对于最优化问题（1-1），当目标函数和约束函数均为凸函数时，该问题称为凸规划问题．

凸规划问题具有很好的性质，其任一局部极小点必是全局极小点，因此对于凸规划问题不存在极小点全局最优性的判断问题．

但当问题（1-1）是非凸最优化问题时，可能存在多个非全局的局部最优解，此时，即使非凸规划问题的目标函数和约束函数满足连续性、光滑性，利用经典的非线性规划技术仍无法确定问题的全局解．因此，有必要依据所研究问题的具体特点构造出可以确定全局解的全局最优化方法．从构造特点上来看，这些方法可以分为确定性方法[1-4]和随机性方法[5-6]．

常用的确定性方法有分支定界方法[7-8]、单调规划[9-10]、填充函数方法[1,11]、DC（difference of convex，凸差）规划[12]和打洞函数方法[3]等．这类方法通常是利用凸性、稠密性、单调性和利普希茨等解析性质确定一个有限或无限点列使其收敛于全局最优解，或在较弱情形下产生一个点列，使其存在子列收敛到全局最优解．确定性方法可以保证在给定的误差精度范围内，算法经过有限步迭代后收敛于最优化问题的全局最优解．

常用的随机性方法有遗传方法[13-16]、模拟退火方法[17-20]和蚁群最优化方法[21-24]等．这类方法通常是利用概率机制寻求一个非确定的点列来描述迭代过程，具有对函数性质要求低、算法易于实现等优点，但是计算效率低，可靠性差，不能保证全局收敛性．

本章主要介绍一些常用的确定性最优化的方法，以帮助读者学习后续内容．

1. 分支定界方法

分支定界方法是确定性方法中的重要方法之一，已经成功应用在组合优化的许多问题中．近些年来，分支定界思想得到了较为系统的发展，成为求解全局最优化问题方面的一种重要的工具．

在分支定界算法中，分支指的是对可行域进行逐次剖分从而得到许多小的可行域的过程；定界指的是在得到的这些小的可行域上确定出目标函数的上、下界的过程．还有另一技术环节称为剪支，指的是在某次迭代时，对那些区域上所得的下界大于当前最小上界的可行域进行删除的过程．随着算法的进行，最小上界不断减小，最大下界不断增大，当所得的最大下界和最小上界之差小于预先设定的容许误差 ε 时，算法终止，此时得到的即问题的 ε- 全局最小值和 ε- 全局最优解．

在对算法进行分支时，单纯形剖分和矩形对分等分支规则最为常用．下面给出分支定界算法的基本框架结构，假定已知一个可行解．在算法进行过程中，程序运行至当前阶段的可行解（通常为有限个）集合记为 Q,D 的初始松弛的当前部分记为 P.

分支定界算法的基本框架

初始化:

确定满足 $D\subseteq P$ 的集合 P 和满足 $Q\subseteq D$ 的集合 Q; $\mathrm{UB}=\min\{f(\boldsymbol{x})\mid \boldsymbol{x}\in Q\}$（最优值上界的确定）; 确定满足 $f(\boldsymbol{v})=\mathrm{UB}$ 的 $\boldsymbol{v}\in Q$； 计算下界 $\mathrm{LB}(P)\leqslant \min\{f(\boldsymbol{x})\mid \boldsymbol{x}\in D\}$； 置 $M=\{P\};\mathrm{LB}=\mathrm{LB}(P)$, $\mathrm{stop}=\mathrm{false}$, $k=1$.

主程序:

当 stop = false 时，

若 UB = LB，则置

stop = true， $\boldsymbol{v}$ 为最优解，LB 为原问题的最优目标函数值.

否则

将 P 剖分为 $P_1,P_2,\cdots,P_r$ 有限个子集，使得

$$\bigcup_{i=1}^{r}P_i=P,\ 且\ \mathrm{int}\,P_i\cap \mathrm{int}P_j=\varnothing(i\neq j).$$

计算 f 在 $D\cap P_i$ 上满足 $\mathrm{LB}(P_i)\geqslant \mathrm{LB}(i=1,2,\cdots,r)$ 的下界 $\mathrm{LB}(P_i)$； 利用计算下界 $\mathrm{LB}(P_i)$ 过程中发现的可行解修正 Q;

修正 $\mathrm{UB}=\min\{f(\boldsymbol{x})\mid \boldsymbol{x}\in Q\}$ 及满足 $f(\boldsymbol{v})=\mathrm{UB}$ 的 $\boldsymbol{v}\in Q$，置 $M=\{M\setminus P\}\cup\{P_1,P_2,\cdots,P_r\}$， 删除 M 中所有满足 $\mathrm{LB}(P)\geqslant \mathrm{UB}$ 或 $P\cap Q=\varnothing$ 的集合 P; 令 R 表示剩下的集合，并置

$$\mathrm{LB}=\begin{cases}\mathrm{UB}, & 如果R=\varnothing,\\ \min\{\mathrm{LB}(P)\mid P\in R\}, & 否则,\end{cases}$$

选择满足 $\mathrm{LB}(P)=\mathrm{LB}$ 的集合 P 作为下次迭代所需要剖分的集合（条件语句终止）.

置 $M=R$，$k=k+1$（循环语句终止）.

假设 $P_k,\mathrm{UB}_k,\mathrm{LB}_k$ 和 v_k 分别表示第 k 次迭代开始时的 $P,\mathrm{UB},\mathrm{LB}$ 和 $\boldsymbol{v}$. 如果算法在第 j 次迭代时终止，则 v_j 是最优解，UB_j 是最优目标函数值. 但是，在一般情况下，无法保证算法是有限步终止的，因此需要寻找一些条件以确保序列 $\{v_k\}$ 的每个聚点是原问题的最优解. 首先，如果算法是无限步终止的，则它一定生成至少一个序列 $\{P_{k_q}\}$，该序列由满足 $P_{k_q}\supset P_{k_{q+1}}$ 的逐次精细化的小区域 P_{k_q} 组成. 分支定界算法有以下收敛性定理.

定理 1.1　对任意逐次精细化的小区域的无穷序列 $\{P_{k_q}\},P_{k_q}\supset P_{k_{q+1}}(q=1,2,\cdots)$，若在第 k_q 次迭代满足

$$\lim_{q\to\infty}(\mathrm{UB}_{k_q}-\mathrm{LB}_{k_q})=\lim_{q\to\infty}\left[\mathrm{UB}_{k_q}-\mathrm{LB}_{k_q}(P_{k_q})\right]=0,$$

则有

$$\mathrm{LB}=\lim_{k\to\infty}\mathrm{LB}_k=\lim_{k\to\infty}f(v_k)=\lim_{k\to\infty}\mathrm{UB}_k=\mathrm{UB},$$

且序列 $\{v_k\}$ 的每个聚点 $\boldsymbol{v}^*$ 是 $\min\{f(\boldsymbol{x}):\boldsymbol{x}\in D\}$ 的最优解.

上述算法描述及定理 1.1 虽然给出了分支定界算法的基本框架结构和收敛性方面的理论结果，但在实际应用中，需要根据所考虑的具体问题解决两个关键环节，即如何分支和如何定界. 另外一个需要关注的问题是如何根据不同的定界方法研究相应加速技巧. 不同的分支定界算法的主要区别就在于分支和定界方法的设计方面.

2. DC 规划

在问题（1-1）中，如果目标函数和约束函数中至少有一个是非凸函数，那么问题的求解就会变得比较复杂，目前还没有一个十分有效的解决办法，比如下面这种形式的最优化问题：

$$\begin{aligned}\min\quad & f_0(\boldsymbol{x})=f_1(\boldsymbol{x})-f_2(\boldsymbol{x}).\\ \text{s.t.}\quad & g_i(\boldsymbol{x})=g_{i,1}(\boldsymbol{x})-g_{i,2}(\boldsymbol{x})\leqslant 0, i=1,2,\cdots,m,\\ & \boldsymbol{x}\in X\subseteq \mathbf{R}^n.\end{aligned}\qquad(1\text{-}2)$$

其中，X 是一紧凸集，$f_1(\boldsymbol{x}),f_2(\boldsymbol{x}),g_{i,1}(\boldsymbol{x}),g_{i,2}(\boldsymbol{x})(i=1,2,\cdots,m)$ 均为 X 上的凸函数. 此

时，由于目标函数和约束函数均为两个凸函数之差，所以这些函数就是所谓的 DC 函数，相应的问题（1-2）称为 DC 规划问题.

DC 规划问题的一个比较有趣的特征是该问题可归约为典范形式的问题，即可以转化为一个带线性目标函数及不多于一个凸约束和一个反凸约束的 DC 规划问题.

在求解 DC 规划问题时，人们通常通过引入新的变量，将其转化为一个目标函数为凹函数的最小化问题；然后利用凹函数在凸可行集上的最优解必在可行域的顶点处达到这一性质，提出求解凹最小化问题的有效算法[25-26].

3. 单调规划

所谓单调规划问题是指目标函数和约束函数均为单调函数的全局最优化问题. 此类问题经常出现在经济、工程和其他一些领域的应用中，如最优资源配置、可靠性网络最优等问题. 因为单调函数的一些运算是封闭的，所以许多最优化问题最终可归约为单调最优化问题，如多乘积规划、多项式规划、非凸二次规划和利普希茨最优化等问题[26]. 这些问题的一般形式如下：

$$\begin{aligned} \min \quad & f(\boldsymbol{x})-g(\boldsymbol{x}). \\ \text{s.t.} \quad & f_i(\boldsymbol{x})-g_i(\boldsymbol{x})\leqslant 0, i=1,2,\cdots,m. \end{aligned}$$

其中，$f(\boldsymbol{x}), g(\boldsymbol{x}), f_i(\boldsymbol{x}), g_i(\boldsymbol{x})$ 均为 $\mathbf{R}_+$ 上的增函数.

对于上述最优化问题，不失一般性，假定 $g(\boldsymbol{x})=0$，则有

$$\begin{aligned} & \left\{\forall i, f_i(\boldsymbol{x})-g_i(\boldsymbol{x})\leqslant 0\right\} \\ \Leftrightarrow & \max_{1\leqslant i\leqslant m}\left\{f_i(\boldsymbol{x})-g_i(\boldsymbol{x})\right\}\leqslant 0 \\ \Leftrightarrow & F(\boldsymbol{x})-G(\boldsymbol{x})\leqslant 0, \end{aligned}$$

其中，$F(\boldsymbol{x})=\max_i\left\{f_i(\boldsymbol{x})+\sum_{i\neq j} g_j(\boldsymbol{x})\right\}$，$G(\boldsymbol{x})=\sum_i g_i(\boldsymbol{x})$. 显然 $F(\boldsymbol{x}), G(\boldsymbol{x})$ 都是增函数，这样初始问题就归约为一个正则区域上的单调最优化问题：

$$\begin{aligned} \min \quad & f(\boldsymbol{x}). \\ \text{s.t.} \quad & F(\boldsymbol{x})+t\leqslant F(\boldsymbol{b}), \\ & G(\boldsymbol{x})+t\geqslant F(\boldsymbol{b}), \\ & 0\leqslant t\leqslant F(\boldsymbol{b})-F(\boldsymbol{0}), \\ & \boldsymbol{x}\in[\boldsymbol{0},\boldsymbol{b}]\subset \mathbf{R}_+^n. \end{aligned} \tag{1-3}$$

在过去的十几年间，对于较低维的问题（1-3），人们提出了对偶基的补偿方法和参数化方法. 最近，文献[27]、[28]给出了一种单调函数的凸化方法. 该方法首先通过使用含参数的变量替换和函数变换将问题（1-3）转化为一个等价的凸极大化问题，然后利用现有的求解凸极大化问题算法确定出问题的最优解. 文献[10]

利用问题（1-3）的最优解出现在可行域的边界上这一性质，通过采用 $\mathbf{R}^n$ 中的多面块来逼近可行域，从而设计出一种基于多面块的外逼近方法. 文献[29]提出了一种新的变量替换方法，然后使用该方法将问题（1-3）转化为一个凸极大化问题，最后通过采用 Hoffman（哈夫曼）的外逼近方法确定出凸极大化问题的全局最优解.

4. 填充函数法

填充函数法首先由西安交通大学的葛仁溥教授等人提出[1,30-31]，之后，很多学者在此方法基础上又做了许多有益的工作和改进[11,32-34]. 填充函数方法的思想与分支定界方法的思想截然不同，分支定界方法利用了函数在可行域上的整体性质，填充函数利用的则是函数在可行域上的局部性质. 利用填充函数方法求解问题（1-1）时，一般要求如下假设成立.

假设 1　函数 $f(\boldsymbol{x})$ 仅有有限个极小值点.

假设 2　函数 $f(\boldsymbol{x})$ 仅有有限个极小值.

填充函数算法由两个阶段组成. 第一阶段即极小化阶段，该阶段通过使用比较经典的极小化算法如拟牛顿法[35]、梯度投影法[36]和共轭梯度法[37]等，来寻求目标函数的一个局部极小值点 $\boldsymbol{x}^*$.

第二阶段即填充阶段，该阶段以当前极小值点 $\boldsymbol{x}^*$ 为基础构造一个填充函数，并利用它寻求一个 $\boldsymbol{x}' \neq \boldsymbol{x}^*$，使得

$$f(\boldsymbol{x}') < f(\boldsymbol{x}^*).$$

由于在填充函数方法中，需要将成熟的局部极小化算法与填充函数相结合，所以该方法受到了理论及实际工作者们的欢迎. 各种填充函数方法的主要区别在于填充函数的定义不同. 因为填充函数通常是目标函数的复合函数，且目标函数本身可能就很复杂，所以构造的填充函数形式应尽量简单，参数应该尽量少或没有，以便减少许多冗长的计算步骤和调整参数的时间，进而提高算法的效率. 目前，关于如何对现有的填充函数算法进行改进使之更适合于应用是填充函数方法的一个重要研究方向.

5. 积分水平集方法

1978 年，郑权教授首先提出了确定函数全局最优解的积分水平集算法，该算法利用了函数的整体性质来解决全局最优化问题.

考虑问题（1-1），即

$$\begin{aligned} \min \quad & f(\boldsymbol{x}). \\ \text{s.t.} \quad & \boldsymbol{x} \in D. \end{aligned}$$

假设 X 是 n 维欧氏空间，$f: X \to \mathbf{R}$，D 是 X 的一个子集. 做如下假设：

假设 3　函数 $f(\boldsymbol{x})$ 在 D 上是连续的.

假设 4　存在实数 c，使得水平集和 D 满足交集非空且为紧集.

基于上述假设，问题（1-1）可归结为求 c^*，使得

$$c^* = \min_{\boldsymbol{x} \in D \cap H_c} f(\boldsymbol{x}). \tag{1-4}$$

令 $H^* = D \cap H_c \neq \varnothing$. 在假设 3 和假设 4 的条件下，问题（1-4）可以重新叙述为求 c^* 和 H^*，使其满足：

$$\mathrm{P}\begin{cases} c^* = \min\limits_{x \in D} f(\boldsymbol{x}), \\ H^* = \{\boldsymbol{x} \in D \mid f(\boldsymbol{x}) = c^*\}. \end{cases}$$

在此基础上，下面定理给出了问题 P 的全局最优解的条件.

定理 1.2　在假设 3 和假设 4 的条件下，若 $\mu(H_c) = 0$，其中，$H_c = \{\boldsymbol{x} \in D \mid f(\boldsymbol{x}) \leqslant c\} \neq \varnothing$，$\mu$ 是 Lehegue（勒贝格）测度，则 c 是函数 $f(\boldsymbol{x})$ 在 D 上的全局极小值，H_c 是全体极小值点集合.

定义 1.4　设 $c > c^* = \min\limits_{\boldsymbol{x} \in D} f(\boldsymbol{x})$，令

$$M(f,c) = \frac{1}{\mu(H_c)} \int_{H_c} f(\boldsymbol{x}) \mathrm{d}\mu,$$

其中，$H_c = \{\boldsymbol{x} \in D : f(\boldsymbol{x}) \leqslant c\}$，则称 $M(f,c)$ 为函数 $f(\boldsymbol{x})$ 在水平集 H_c 上的均值.

定义 1.5　设 $c > c^* = \min\limits_{\boldsymbol{x} \in S} f(\boldsymbol{x})$，令

$$V_1(f,c) = \frac{1}{\mu(H_c)} \int_{H_c} \left[f(\boldsymbol{x}) - c \right]^2 \mathrm{d}\mu,$$

其中，H_c 是定义 1.4 中的水平集，则称 $V_1(f,c)$ 为函数 $f(\boldsymbol{x})$ 在水平集 H_c 上的均方差.

定理 1.3　对于问题 P，有下面几个等价性质：

1） $\boldsymbol{x}^*$ 为问题 P 的全局极小值点，$c^* = f(\boldsymbol{x}^*)$ 为相应的全局极小值；

2） $M(f,c) = 0$；

3） $V_1(f,c) = 0$.

积分水平集方法的算法描述如下.

步骤 1　取 $\boldsymbol{x}_0 \in D$，给出一个充分小的正数 ε，令 $c_0 = f(\boldsymbol{x}_0)$，$H_{c_0} = \{\boldsymbol{x} \in D \mid f(\boldsymbol{x}) \leqslant c_0\}$，$k = 0$.

步骤 2　如果 $\mu(H_{c_k}) = 0$，那么 c_k 为全局极小值，H_{c_k} 为全局极小值点集，转步骤 6.

步骤 3　计算均值

$$c_{k+1}=\frac{1}{\mu(H_{c_k})}\int_{H_{c_k}} f(\boldsymbol{x})\mathrm{d}\mu,$$

且令 $H_{c_{k+1}}=\{\boldsymbol{x}\in D \mid f(\boldsymbol{x})\leqslant c_{k+1}\}$. 如果 $c_{k+1}=c_k$，那么 c_{k+1} 为全局极小值，$H_{c_{k+1}}$ 为全局极小值点集，转步骤 6；否则，转步骤 4.

步骤 4　计算方差

$$\mathrm{VF}=\frac{1}{\mu(H_{c_k})}\int_{H_{c_k}}\left[f(\boldsymbol{x})-c_k\right]^2\mathrm{d}\mu.$$

步骤 5　如果 $\mathrm{VF}>\varepsilon$，则令 $k=k+1$，转步骤 2；否则，转步骤 6.

步骤 6　令 $f^*=c_{k+1}$，$H^*=H_{c_{k+1}}$，然后终止算法，则 H^* 为 $f(\boldsymbol{x})$ 在 D 上的近似全局极小值点集，f^* 为相应的近似全局极小值.

在上述算法中，若令 $\varepsilon=0$，则算法将无限次迭代下去，此时，可以得到两个单调下降点列 $\{c_k\}$ 和 H_{c_k}. 因为这两个点列均是有界的，所以它们都是收敛的. 令

$$c^*=\lim_{k\to\infty}c_k,$$

$$H^*=\lim_{k\to\infty}H(c_k)=\bigcap_{k=1}^{\infty}H(c_k),$$

则有下述收敛性定理成立.

定理 1.4　如果 $\{c_n\}$ 是由积分水平集算法产生的序列，那么 c^* 是问题 P 的全局极小值，H^* 是全局极小值点集.

积分水平集方法在理论上给出了算法的收敛性证明. 由于在该算法过程中只需要计算目标函数值，所以它可用于较大范围的全局最优问题的求解. 但是在一般情况下，由于水平集无法得到，所以在原始文献中，实际算法通常是通过 Monte Carlo（蒙特卡罗）随机取点法来减小搜索范围的. 关于积分水平集方法可参看文献[38]、[39].

上述几种算法解决的是具有特殊结构的最优化问题，还有一些算法解决的是具有一般结构的连续最优化问题，其中比较具有挑战性的全局最优化问题是紧凸集上的一个一般连续函数的全局最优化问题. 尽管这个问题很难，但在 20 世纪 70 年代早期，就已有不少学者对此类问题进行了研究. 早期的大多数研究是针对无约束的光滑函数的最优问题进行的，并且这些结果只能用来处理一到二维的低维问题. 最近几年，学者们才开始对高维约束的最优问题进行研究. 为了使问题容易求解，一些连续性之外的假设是必要的，常用的假设有目标函数和约束函数都是利普希茨的（这类问题被称为利普希茨规划问题[26]）或者都是连续可微的函

数等．对于这类问题求解的主要困难在于搜索过程中缺乏跳出局部最优点或平稳点的技巧，因此求解此类全局最优化问题的关键是如何找到一个更好的可行解 $\bar{\boldsymbol{x}}$，或者证明 $\bar{\boldsymbol{x}}$ 已经是全局最优解．而辅助函数法是实现这一目标的一种比较好的方法，如打洞函数法，参考文献[40]～[42]等．

全局最优化的确定性算法除以上介绍的几种外，还有一些其他常用的算法，如区间方法[43]等．

第 2 章　无盒子约束线性多乘积规划问题的全局最优化

本章考虑线性多乘积规划（linear multiplicative programming，LMP）问题（以下称问题 LMP），数学模型如下：

$$\text{LMP}\begin{cases}\min & f(\boldsymbol{x})=\sum_{i=1}^{p}(\boldsymbol{c}_i^{\mathrm{T}}\boldsymbol{x}+d_i)(\boldsymbol{e}_i^{\mathrm{T}}\boldsymbol{x}+f_i),\\ \text{s.t.} & \boldsymbol{x}\in D=\left\{\boldsymbol{x}\in\mathbf{R}^n \mid \boldsymbol{A}\boldsymbol{x}\leqslant\boldsymbol{b}\right\}.\end{cases} \tag{2-1}$$

其中，$p\geqslant 2$，$\boldsymbol{c}_i^{\mathrm{T}}=(c_i^1,c_i^2,\cdots,c_i^n)$，$\boldsymbol{e}_i^{\mathrm{T}}=(e_i^1,e_i^2,\cdots,e_i^n)\in\mathbf{R}^n$，$d_i,f_i\in\mathbf{R},i=1,2,\cdots,p$，$\boldsymbol{A}\in\mathbf{R}^{m\times n}$ 是一矩阵，$D\subseteq\mathbf{R}^n$ 是一非空有界集.

为有效求解问题 LMP，本章给出一个分支定界方法. 首先，通过利用问题 LMP 的特殊结构，提出一个新的线性化松弛方法，它可以用来构造线性松弛规划（linear relaxation programming，LRP）问题（以下称问题 LRP）. 这样，初始的非凸规划问题 LMP 的求解就被归结为一系列线性规划问题的求解. 通过一系列的剖分过程，线性规划问题的解最终逼近原问题 LMP 的最优解.

2.1　线性松弛规划问题

在本节，我们将详细介绍如何为问题 LMP 构造其线性松弛规划问题. 为此，对于 $j=1,2,\cdots,n$，首先求解下面的线性规划问题：

$$l_j^0=\begin{cases}\min & x_j,\\ \text{s.t.} & \boldsymbol{x}\in D=\{\boldsymbol{x}\mid \boldsymbol{x}\in\mathbf{R}^n,\ \boldsymbol{A}\boldsymbol{x}\leqslant\boldsymbol{b}\},\end{cases}$$

和

$$u_j^0=\begin{cases}\max & x_j,\\ \text{s.t.} & \boldsymbol{x}\in D=\{\boldsymbol{x}\mid \boldsymbol{x}\in\mathbf{R}^n,\ \boldsymbol{A}\boldsymbol{x}\leqslant\boldsymbol{b}\}.\end{cases}$$

然后，构造超矩形 $H^0=[\boldsymbol{l}^0,\boldsymbol{u}^0]$ 使其包含 D.

令 $H=[\boldsymbol{l},\boldsymbol{u}]$ 表示初始盒子 H^0 或者由算法产生的 H^0 的子矩形，求解下面的线性规划问题：

$$\mathrm{LT}_i=\begin{cases}\min & \boldsymbol{c}_i^{\mathrm{T}}\boldsymbol{x}+d_i,\\ \text{s.t.} & \boldsymbol{x}\in D\cap H,\end{cases}\qquad \mathrm{UT}_i=\begin{cases}\max & \boldsymbol{c}_i^{\mathrm{T}}\boldsymbol{x}+d_i,\\ \text{s.t.} & \boldsymbol{x}\in D\cap H,\end{cases}$$

和

$$\mathrm{LS}_i=\begin{cases}\min & \boldsymbol{e}_i^{\mathrm{T}}\boldsymbol{x}+f_i,\\ \text{s.t.} & \boldsymbol{x}\in D\cap H,\end{cases}\qquad \mathrm{US}_i=\begin{cases}\max & \boldsymbol{e}_i^{\mathrm{T}}\boldsymbol{x}+f_i,\\ \text{s.t.} & \boldsymbol{x}\in D\cap H.\end{cases}$$

所有这些均为线性规划问题，比较容易求解.

为导出问题 LRP，首先介绍如何为目标函数 $f(\boldsymbol{x})$ 构造其线性下界函数. 考虑 $f(\boldsymbol{x})$ 中的乘积项 $(\boldsymbol{c}_i^{\mathrm{T}}\boldsymbol{x}+d_i)(\boldsymbol{e}_i^{\mathrm{T}}\boldsymbol{x}+f_i)$，并令

$$\omega_i=\boldsymbol{c}_i^{\mathrm{T}}\boldsymbol{x}+d_i-\mathrm{LT}_i,$$
$$v_i=\boldsymbol{e}_i^{\mathrm{T}}\boldsymbol{x}+f_i-\mathrm{LS}_i,\ i=1,2,\cdots,p\ .$$

对于所有 $\boldsymbol{x}\in D\cap H$，因为 $\mathrm{LT}_i\leqslant\boldsymbol{c}_i^{\mathrm{T}}\boldsymbol{x}+d_i$，$\mathrm{LS}_i\leqslant\boldsymbol{e}_i^{\mathrm{T}}\boldsymbol{x}+f_i$，所以有 $\omega_i\geqslant 0$，$v_i\geqslant 0$. 进一步，由

$$\omega_i-(\mathrm{UT}_i-\mathrm{LT}_i)\leqslant 0,\ \ v_i-(\mathrm{US}_i-\mathrm{LS}_i)\leqslant 0,$$

可知

$$[\omega_i-(\mathrm{UT}_i-\mathrm{LT}_i)][v_i-(\mathrm{US}_i-\mathrm{LS}_i)]\geqslant 0.$$

因此，有

$$\omega_i v_i\geqslant(\mathrm{US}_i-\mathrm{LS}_i)\omega_i+(\mathrm{UT}_i-\mathrm{LT}_i)v_i-(\mathrm{UT}_i-\mathrm{LT}_i)(\mathrm{US}_i-\mathrm{LS}_i).\tag{2-2}$$

因为 $\omega_i\geqslant 0$，$v_i\geqslant 0$，所以有

$$\omega_i v_i\geqslant 0.\tag{2-3}$$

将 $\omega_i=\boldsymbol{c}_i^{\mathrm{T}}\boldsymbol{x}+d_i-\mathrm{LT}_i$，$v_i=\boldsymbol{e}_i^{\mathrm{T}}\boldsymbol{x}+f_i-\mathrm{LS}_i$ 代入式（2-2）和式（2-3），可得

$$\begin{aligned}&(\boldsymbol{c}_i^{\mathrm{T}}\boldsymbol{x}+d_i-\mathrm{LT}_i)(\boldsymbol{e}_i^{\mathrm{T}}\boldsymbol{x}+f_i-\mathrm{LS}_i)\\ \geqslant&(\mathrm{US}_i-\mathrm{LS}_i)(\boldsymbol{c}_i^{\mathrm{T}}\boldsymbol{x}+d_i-\mathrm{LT}_i)\\ &+(\mathrm{UT}_i-\mathrm{LT}_i)(\boldsymbol{e}_i^{\mathrm{T}}\boldsymbol{x}+f_i-\mathrm{LS}_i)-(\mathrm{UT}_i-\mathrm{LT}_i)(\mathrm{US}_i-\mathrm{LS}_i),\end{aligned}\tag{2-4}$$

$$(\boldsymbol{c}_i^{\mathrm{T}}\boldsymbol{x}+d_i-\mathrm{LT}_i)(\boldsymbol{e}_i^{\mathrm{T}}\boldsymbol{x}+f_i-\mathrm{LS}_i)\geqslant 0.\tag{2-5}$$

进而，由式（2-4）和式（2-5），可得

$$(\boldsymbol{c}_i^{\mathrm{T}}\boldsymbol{x}+d_i)(\boldsymbol{e}_i^{\mathrm{T}}\boldsymbol{x}+f_i)\geqslant\mathrm{US}_i(\boldsymbol{c}_i^{\mathrm{T}}\boldsymbol{x}+d_i)+\mathrm{UT}_i(\boldsymbol{e}_i^{\mathrm{T}}\boldsymbol{x}+f_i)-\mathrm{UT}_i\mathrm{US}_i,\tag{2-6}$$

$$(\boldsymbol{c}_i^{\mathrm{T}}\boldsymbol{x}+d_i)(\boldsymbol{e}_i^{\mathrm{T}}\boldsymbol{x}+f_i)\geqslant\mathrm{LS}_i(\boldsymbol{c}_i^{\mathrm{T}}\boldsymbol{x}+d_i)+\mathrm{LT}_i(\boldsymbol{e}_i^{\mathrm{T}}\boldsymbol{x}+f_i)-\mathrm{LT}_i\mathrm{LS}_i.\tag{2-7}$$

令

$$\Theta_i^1(\boldsymbol{x})=\mathrm{US}_i(\boldsymbol{c}_i^{\mathrm{T}}\boldsymbol{x}+d_i)+\mathrm{UT}_i(\boldsymbol{e}_i^{\mathrm{T}}\boldsymbol{x}+f_i)-\mathrm{UT}_i\mathrm{US}_i,$$
$$\Theta_i^2(\boldsymbol{x})=\mathrm{LS}_i(\boldsymbol{c}_i^{\mathrm{T}}\boldsymbol{x}+d_i)+\mathrm{LT}_i(\boldsymbol{e}_i^{\mathrm{T}}\boldsymbol{x}+f_i)-\mathrm{LT}_i\mathrm{LS}_i,$$

则有

$$(\boldsymbol{c}_i^{\mathrm{T}}\boldsymbol{x}+d_i)(\boldsymbol{e}_i^{\mathrm{T}}\boldsymbol{x}+f_i)\geqslant\max\{\Theta_i^1(\boldsymbol{x}),\Theta_i^2(\boldsymbol{x})\}.$$

根据以上讨论，可以构造一个极小-极大问题：

$$\begin{cases} \min & \sum_{i=1}^{p} \max\{\Theta_i^1(\boldsymbol{x}), \Theta_i^2(\boldsymbol{x})\}, \\ \text{s.t.} & \boldsymbol{x} \in D \cap H. \end{cases} \tag{2-8}$$

通过引入新变量 $y_i (i=1,2,\cdots,p)$，则问题（2-8）就可以转化为一个线性松弛规划问题：

$$\text{LRP}\begin{cases} \min & f(\boldsymbol{x},\boldsymbol{y}) = \sum_{i=1}^{p} y_i, \\ \text{s.t.} & \Theta_i^1(\boldsymbol{x}) \leqslant y_i, i=1,2,\cdots,p, \\ & \Theta_i^2(\boldsymbol{x}) \leqslant y_i, i=1,2,\cdots,p, \\ & \boldsymbol{x} \in D \cap H. \end{cases}$$

问题 LRP 的最优值可以为问题 LMP 在 $D \cap H$ 上的最优值提供一个下界．同时，不难看出，问题 LRP 的最优解也是问题 LMP 的一个可行解．为方便起见，对于任意问题 P，其最优值都用 $v(P)$ 表示，于是有 $v(\text{LRP}) \leqslant v(\text{LMP})$.

2.2 算法及其收敛性

为了求得问题 LMP 的全局最优解，本章基于分支定界算法框架介绍．该框架包括分支过程和定界过程两个基本过程．

2.2.1 分支过程

分支过程是将 $H = \{\boldsymbol{x} \in \mathbf{R}^n | \ l_i \leqslant x_i \leqslant u_i\} \subseteq H^0$ 剖分为子矩形，每个子矩形是分支定界树上的一个节点，每个节点与一个松弛的线性规划问题相关联．

本章的分支过程采用的是以 α 为比例的剖分方法，其中 α 是事先给定的，且满足 $0 < \alpha < 0.5$ ．考虑子矩形 $H = [\boldsymbol{l}, \boldsymbol{u}]$ ．具体的分支过程如下：

1）令 $u_j - l_j = \max\{u_i - l_i | \ i = 1,2,\cdots,n\}$ ；

2）令 v_j 满足 $\min\{v_j - l_j, u_j - v_j\} = \alpha(u_j - l_j)$ ；

3）H 被剖分为两个 n - 维矩形 H^1, H^2 .

该分支过程可以满足算法的收敛性要求，因为沿着分支定界树的任一无穷分支，节点相关联的矩形是收缩到一点的．

2.2.2 定界过程

考虑矩形 $H \subseteq H^0$ ，定界过程包括为问题 LMP 在 H 确定上界 UB(H)和下界 LB(H)．其中，下界 LB(H)可以通过解下面的线性松弛规划问题 LRP（H）得到：

$$\mathrm{LRP}(H)\begin{cases}\min & f(\boldsymbol{x},\boldsymbol{y})=\sum_{i=1}^{p}y_i,\\ \text{s.t.} & \Theta_i^1(\boldsymbol{x})\leqslant y_i, i=1,2,\cdots,p,\\ & \Theta_i^2(\boldsymbol{x})\leqslant y_i, i=1,2,\cdots,p,\\ & \boldsymbol{x}\in D\cap H.\end{cases}$$

上界 UB(H)可按以下过程确定：假定$(\boldsymbol{x}^*,\boldsymbol{y}^*)$是 LRP($H$)的最优解，由问题 LRP($H$)和 LMP($H$)的定义知，$\boldsymbol{x}^*$是问题 LMP($H$)的可行解.

因此，LMP(H)的一个上界 UB(H)是$f(\boldsymbol{x}^*)$. 故对于每次迭代$k>0$，上界UB_k可由式（2-9）计算：

$$\mathrm{UB}_k=\min\{\mathrm{UB}_{k-1},f(\boldsymbol{x}^*)\},\tag{2-9}$$

其中，UB_{k-1}是第$k-1$次迭代的上界.

2.2.3 分支定界算法

基于以上推导，求解问题 LMP 的分支定界算法过程如下.

步骤 1（初始化）.

1）令迭代次数计数器$k=0$；活动节点集$Q^0=\{H^0\}$；上界$\mathrm{UB}_0=+\infty$；可行点集$F=\varnothing$；容许误差$\varepsilon>0$.

2）求解线性规划问题 LRP(H^0)，确定其最优解$(\boldsymbol{x}^0,\boldsymbol{y}^0)$及最优值$\mathrm{LB}(H^0)$. 令$\mathrm{UB}_0=f(\boldsymbol{x}^0)$，$\mathrm{LB}_0=\mathrm{LB}(H^0)$，$F=F\cup\{\boldsymbol{x}^0\}$. 如果$\mathrm{UB}_0-\mathrm{LB}_0\leqslant\varepsilon$，则停止计算，$\boldsymbol{x}^0$是问题 LMP 一个$\varepsilon$-全局最优解；否则，继续.

步骤 2　使用分支规则将H^k剖分为两个子矩形$H^{k,1},H^{k,2}$.

步骤 3　对于每个新矩形$H^{k,t}(t=1,2)$，求解问题 LRP($H^{k,t}$)以获取下界$\mathrm{LB}(H^{k,t})$及最优解$(\boldsymbol{x}^{k,t},\boldsymbol{y}^{k,t})$. 令$F=F\cup\{\boldsymbol{x}^{k,1},\boldsymbol{x}^{k,2}\}$. 如果$\mathrm{LB}(H^{k,t})>\mathrm{UB}_k$，则令$\bar{H}=\bar{H}\setminus H^{k,t}$. 更新上界$\mathrm{UB}_k=\min\limits_{x\in F}\{f(\boldsymbol{x})\}$，以及$\boldsymbol{x}^{k+1}=\mathrm{argmin}_{x\in F}f(\boldsymbol{x})$；更新剖分集$Q^k=\left(Q^k\setminus H^k\right)\cup\bar{H}$，以及下界$\mathrm{LB}_k=\inf\limits_{H\in Q^k}\mathrm{LB}(H)$.

步骤 4　令$Q^{k+1}=Q^k\setminus\{H|\ \mathrm{UB}_k-\mathrm{LB}(H)\leqslant\varepsilon,H\in Q^k\}$. 如果$Q_{k+1}=\varnothing$，则停止计算，此时$\mathrm{UB}_k$是问题 LMP 的一个$\varepsilon$-全局最优值，且$\boldsymbol{x}^k$是一个$\varepsilon$-最优解；否则，选取一个满足$H^{k+1}=\mathrm{argmin}_{H\in Q^{k+1}}\mathrm{LB}(H)$的活动节点$H^{k+1}$，令$k=k+1$，转步骤 2.

2.2.4 收敛性分析

本节给出算法的收敛性分析.

定理 2.1 2.2.3 节的算法或者有限步确定出问题 LMP 的一个 ε-全局最优解，或者产生一个无穷序列 $\{\boldsymbol{x}^k\}$，其极限点是问题 LMP 的全局最优解.

证明 如果算法执行有限步后终止，不失一般性，假定算法在第 k 步终止，根据算法，有

$$\mathrm{UB}_k - \mathrm{LB}_k \leqslant \varepsilon.$$

即 $\boldsymbol{x}^k$ 是问题 LMP 一个 ε-全局最优解.

如果算法执行无限步后终止，则算法将产生一个无穷点序列 $\{\boldsymbol{x}^k\}$．因为问题 LMP 的可行域是有界的，所以 $\{\boldsymbol{x}^k\}$ 一定存在收敛子列．不失一般性，假定 $\lim\limits_{k\to\infty}\boldsymbol{x}^k = \boldsymbol{x}^*$，则有

$$\lim_{k\to\infty}\boldsymbol{c}_i^{\mathrm{T}}\boldsymbol{x}^k + d_i = \boldsymbol{c}_i^{\mathrm{T}}\boldsymbol{x}^* + d_i,\quad \lim_{k\to\infty}\boldsymbol{e}_i^{\mathrm{T}}\boldsymbol{x}^k + f_i = \boldsymbol{e}_i^{\mathrm{T}}\boldsymbol{x}^* + f_i.$$

根据 $\mathrm{LT}_i,\mathrm{UT}_i,\mathrm{LS}_i,\mathrm{US}_i$ 的定义，知

$$\lim_{k\to\infty}\mathrm{LT}_i = \lim_{k\to\infty}\mathrm{UT}_i = \boldsymbol{c}_i^{\mathrm{T}}\boldsymbol{x}^* + d_i,\quad \lim_{k\to\infty}\mathrm{LS}_i = \lim_{k\to\infty}\mathrm{US}_i = \boldsymbol{e}_i^{\mathrm{T}}\boldsymbol{x}^* + f_i.$$

进一步，我们有

$$\lim_{k\to\infty}\mathrm{UB}_k = \lim_{k\to\infty} f(\boldsymbol{x}^k) = f(\boldsymbol{x}^*),$$

$$\lim_{k\to\infty}\mathrm{LB}_k = \lim_{k\to\infty}\sum_{i=1}^{p}\max\{\Theta_i^1(\boldsymbol{x}^k),\Theta_i^2(\boldsymbol{x}^k)\} = \sum_{i=1}^{p}(\boldsymbol{c}_i^{\mathrm{T}}\boldsymbol{x}^* + d_i)(\boldsymbol{e}_i^{\mathrm{T}}\boldsymbol{x}^* + f_i).$$

因此有 $\lim\limits_{k\to\infty}(\mathrm{UB}_k - \mathrm{LB}_k) = 0$ 成立.

2.3 数 值 试 验

为验证算法的可行性与有效性，我们与文献[44]～[52]中的计算结果进行了比较．程序采用 MATLAB 7.1 软件进行编写，并在 Pentium Ⅳ（3.06 GHz）个人计算机上运行．本试验中线性规则问题的求解采用的方法为单纯形方法，试验中的容许误差 ε 为 1×10^{-6}，算法的执行时间单位为 s.

例 2.1[44-46]

$$\begin{aligned}\min\quad & (x_1+x_2)(x_1-x_2+7).\\ \text{s.t.}\quad & 2x_1+x_2\leqslant 14,\\ & x_1+x_2\leqslant 10,\\ & -4x_1+x_2\leqslant 0,\\ & -2x_1-x_2\leqslant -6,\\ & -x_1-2x_2\leqslant -6,\\ & x_1-x_2\leqslant 3,\\ & x_1\geqslant 0,\ \ x_2\geqslant 0.\end{aligned}$$

例 2.2[44,47]

$$\begin{aligned}\min\quad & x_1+(2x_1-3x_2+13)(x_1+x_2-1).\\ \text{s.t.}\quad & -x_1+2x_2\leqslant 8,\\ & -x_2\leqslant -3,\\ & x_1+2x_2\leqslant 12,\\ & x_1-2x_2\leqslant -5,\\ & x_1\geqslant 0,\ \ x_2\geqslant 0.\end{aligned}$$

例 2.3[44,48]

$$\begin{aligned}\min\quad & (0.813396x_1+0.67440x_2+0.305038x_3+0.129742x_4+0.217796)\\ & \times(0.224508x_1+0.063458x_2+0.932230x_3+0.528736x_4+0.091947).\\ \text{s.t.}\quad & 0.488509x_1+0.063565x_2+0.945686x_3+0.210704x_4\leqslant 3.562809,\\ & -0.324014x_1-0.501754x_2-0.719204x_3+0.099562x_4\leqslant -0.052215,\\ & 0.445225x_1-0.346896x_2+0.637939x_3-0.257623x_4\leqslant 0.427920,\\ & -0.202821x_1+0.647361x_2+0.920135x_3-0.983091x_4\leqslant 0.840950,\\ & -0.886420x_1-0.802444x_2-0.305441x_3-0.180123x_4\leqslant -1.353686,\\ & -0.515399x_1-0.424820x_2+0.897498x_3+0.187268x_4\leqslant 2.137251,\\ & -0.591515x_1+0.060581x_2-0.427365x_3+0.579388x_4\leqslant -0.290987,\\ & 0.423524x_1+0.940496x_2-0.437944x_3-0.742941x_4\leqslant 0.373620,\\ & x_1\geqslant 0,\ \ x_2\geqslant 0,\ \ x_3\geqslant 0,\ \ x_4\geqslant 0.\end{aligned}$$

例 2.4[49-50]

$$\begin{aligned}\min\quad & x_1+(x_1-x_2+5)(x_1+x_2-1).\\ \text{s.t.}\quad & -2x_1-3x_2\leqslant -9,\\ & 3x_1-x_2\leqslant 8,\\ & -x_1+2x_2\leqslant 8,\\ & x_1+2x_2\leqslant 12,\\ & x_1\geqslant 0.\end{aligned}$$

例 2.5[51]

$$
\begin{aligned}
\min\quad & (0.813396x_1+0.67440x_2+0.305038x_3+0.129742x_4+0.217796) \\
& \times(0.224508x_1+0.063458x_2+0.932230x_3+0.528736x_4+0.091947). \\
\text{s.t.}\quad & 0.488509x_1+0.063565x_2+0.945686x_3+0.210704x_4\leqslant 3.562809, \\
& -0.324014x_1-0.501754x_2-0.719204x_3+0.099562x_4\leqslant -0.052215, \\
& 0.445225x_1-0.346896x_2+0.637939x_3-0.257623x_4\leqslant 0.427920, \\
& -0.202821x_1+0.647361x_2+0.920135x_3-0.983091x_4\leqslant 0.840950, \\
& -0.886420x_1-0.802444x_2-0.305441x_3-0.180123x_4\leqslant -1.353686, \\
& -0.515399x_1-0.424820x_2+0.897498x_3+0.187268x_4\leqslant 2.137251, \\
& -0.591515x_1+0.060581x_2-0.427365x_3+0.579388x_4\leqslant -0.290987, \\
& 0.423524x_1+0.940496x_2-0.437944x_3-0.742941x_4\leqslant 0.373620, \\
& x_1\geqslant 0,\ x_2\geqslant 0,\ x_3\geqslant 0,\ x_4\geqslant 0.
\end{aligned}
$$

例 2.6[51]

$$
\begin{aligned}
\min\quad & (x_1+x_2)(x_1-x_2)+(x_1+x_2+2)(x_1-x_2+2). \\
\text{s.t.}\quad & x_1+2x_2\leqslant 20, \\
& x_1-3x_2\leqslant 20, \\
& 1\leqslant x_1\leqslant 4, \\
& 1\leqslant x_2\leqslant 4.
\end{aligned}
$$

例 2.7[52]

$$
\begin{aligned}
\min & (2x_1-2x_2+x_3+2)(-2x_1+3x_2+x_3-4) \\
& +(-2x_1+x_2+x_3+2)(x_1+x_2-3x_3+5) \\
& +(-2x_1-x_2+2x_3+7)(4x_1-x_2-2x_3-5). \\
\text{s.t.}\quad & x_1+x_2+x_3\leqslant 10, \\
& x_1-2x_2+3x_3\leqslant 10, \\
& -2x_1+2x_2+3x_3\leqslant 10, \\
& -x_1+2x_2+3x_3\geqslant 6, \\
& x_1\geqslant 1,\ x_2\geqslant 1,\ x_3\geqslant 1.
\end{aligned}
$$

例 2.8[52]

$$
\begin{aligned}
\min\quad & (-x_1+2x_2-5)(-4x_1+x_2+3) \\
& +(3x_1-7x_2+3)(-x_1-x_2+3). \\
\text{s.t.}\quad & -2x_1+3x_2\leqslant 8, \\
& 4x_1-5x_2\leqslant 8, \\
& 4x_1+3x_2\leqslant 15, \\
& -4x_1-3x_2\leqslant -12, \\
& x_1\geqslant 0,\ x_2\geqslant 0.
\end{aligned}
$$

例 2.1～例 2.8 的比较结果如表 2.1 所示.

表 2.1　例 2.1～例 2.8 的比较结果

例	方法	最优解	最优值	时间/s	迭代次数
2.1	文献[44]	(2.0,8.0)	10	5.0780	48
	文献[45]	(2.0,8.0)	10	0.3	53
	文献[46]	(2.0,8.0)	10	0.0135	1
	本章方法	(2.0,8.0)	10	0.0128	1
2.2	文献[44]	(0.0,4.0)	3	0.2030	2
	文献[47]	(0.0,4.0)	3		3
	本章方法	(0.0.,4.0)	3	0.0727	1
2.3	文献[44]	(1.3148,0.1396,0.0,0.0423)	0.8902	0.1880	1
	文献[48]	(1.3148,0.1396,0.0,0.0423)	0.8902		6
	本章方法	(1.3148,0.1396,0.0,0.0423)	0.8902	0.093	1
2.4	文献[49]	(0.0,4.0)	3		
	文献[50]	(0.0,4.0)	3		
	本章方法	(0.0,4.0)	3	0.0693	1
2.5	文献[51]	(1.0,3.0)	−13		
	本章方法	(1.0,3.0)	−13	0.0868	1
2.6	文献[51]	(1.0,4.0)	−22		
	本章方法	(1.0,4.0)	−22	0.0849	1
2.7	文献[52]	(5.5556,1.7778,2.6667)	−112.754		57
	本章方法	(5.5556,1.7778,2.6667)	−112.754	1.1491	5
2.8	文献[52]	(1.3169,2.2441)	4.9562		34
	本章方法	(1.3136,2.2485)	4.9568	2.4452	14

由表 2.1 可以看到，本章方法比文献[44]～[52]中的方法更有效.

例 2.9

$$\min \quad f(\boldsymbol{x})=\sum_{i=1}^{p}(\boldsymbol{c}_i^{\mathrm{T}}\boldsymbol{x}+d_i)(\boldsymbol{e}_i^{\mathrm{T}}\boldsymbol{x}+f_i).$$

$$\text{s.t.} \quad \boldsymbol{x}\in D=\{\boldsymbol{x}\mid \boldsymbol{x}\in\mathbf{R}^n,\ \boldsymbol{A}\boldsymbol{x}\leqslant\boldsymbol{b}\}.$$

其中，$\boldsymbol{c}_i,d_i,\boldsymbol{e}_i,f_i$ 为在区间[−0.5,0.5]上产生的伪随机数，$\boldsymbol{A},\boldsymbol{b}$ 中的元素为在区间[0.01,1]上产生的伪随机数. 对于每一个规模下的例 2.9，我们运行算法 10 次并给出相应的统计结果，具体如表 2.2 所示，其中，m 表示约束的个数，n 表示变量的个数.

表 2.2　例 2.9 的统计结果

p	m	n	平均迭代次数	平均时间/s
5	10	10	8.5	5.1281
5	20	20	8.8	6.6741
10	30	30	25.8	47.1360
10	40	40	65.2	86.3215

由表 2.2 可以看到，本章算法的平均迭代次数及平均迭代时间对于问题的规模变化不是十分的敏感.

表 2.1 和表 2.2 中数值试验结果表明本章的算法是有效可行的.

第 3 章　有盒子约束线性多乘积规划问题的全局最优化

本章考虑线性多乘积规划问题（LMP），数学模型如下：

$$
\begin{aligned}
v = \quad & \min \quad \phi(x) = \sum_{i=1}^{p}(\boldsymbol{c}_i^{\mathrm{T}}\boldsymbol{x} + d_i)(\boldsymbol{e}_i^{\mathrm{T}}\boldsymbol{x} + f_i). \\
& \text{s.t.} \quad \boldsymbol{x} \in D = \{\boldsymbol{x} \in \mathbf{R}^n \mid \boldsymbol{A}\boldsymbol{x} \leqslant \boldsymbol{b}\}, \\
& \qquad\ \ H^0 = \{\boldsymbol{x} \mid l_j^0 \leqslant x_j \leqslant u_j^0, j = 1,2,\cdots,n\}.
\end{aligned}
$$

其中，$p \geqslant 2$，$\boldsymbol{c}_i^{\mathrm{T}} = (c_{i1}, c_{i2}, \cdots, c_{in})$，$\boldsymbol{e}_i^{\mathrm{T}} = (e_{i1}, e_{i2}, \cdots, e_{in}) \in \mathbf{R}^n$，$d_i, f_i \in \mathbf{R}, i = 1,2,\cdots,p$，$\boldsymbol{A} \in \mathbf{R}^{m\times n}$ 是一个矩阵，$D \cap H^0 \subseteq \mathbf{R}^n$ 是一个非空有界集.

与第 2 章的问题 LMP 相比，本章所考虑问题的约束中多了一个盒子约束限制. 针对此约束条件的改变本章也提出了一个新的全局最优化算法，该算法的主要特征如下：

1）利用问题 LMP 的特殊结构，提出了一个新的线性化松弛方法.

2）提出了两个新的区域删除技巧，可用来改善算法的收敛速度.

3）与文献[44]、[45]、[47]～[55]的数值结果相比，具有更好的效率.

3.1　线性松弛规划问题

令 $H = [\boldsymbol{l}, \boldsymbol{u}]$ 表示 H^0 或者由算法产生的子矩形，下面详细介绍构造线性松弛规划问题 LRP 的过程.

首先求解如下的线性松弛规划问题：

$$
\underline{\xi_i} = \begin{cases} \min & \boldsymbol{c}_i^{\mathrm{T}}\boldsymbol{x} + d_i, \\ \text{s.t.} & \boldsymbol{x} \in D \cap H, \end{cases} \qquad \overline{\xi_i} = \begin{cases} \max & \boldsymbol{c}_i^{\mathrm{T}}\boldsymbol{x} + d_i, \\ \text{s.t.} & \boldsymbol{x} \in D \cap H, \end{cases}
$$

以及

$$
\underline{\eta_i} = \begin{cases} \min & \boldsymbol{e}_i^{\mathrm{T}}\boldsymbol{x} + f_i, \\ \text{s.t.} & \boldsymbol{x} \in D \cap H, \end{cases} \qquad \overline{\eta_i} = \begin{cases} \max & \boldsymbol{e}_i^{\mathrm{T}}\boldsymbol{x} + f_i, \\ \text{s.t.} & \boldsymbol{x} \in D \cap H. \end{cases}
$$

以上问题均为线性规划问题，较易求解.

然后，考虑 $\phi(\boldsymbol{x})$ 中的乘积项 $(\boldsymbol{c}_i^{\mathrm{T}}\boldsymbol{x} + d_i)(\boldsymbol{e}_i^{\mathrm{T}}\boldsymbol{x} + f_i)$. 因为 $\boldsymbol{c}_i^{\mathrm{T}}\boldsymbol{x} + d_i - \underline{\xi_i} \geqslant 0$，$\boldsymbol{e}_i^{\mathrm{T}}\boldsymbol{x} + f_i - \underline{\eta_i} \geqslant 0$，所以有

$$(\boldsymbol{c}_i^{\mathrm{T}}\boldsymbol{x}+d_i-\underline{\xi_i})(\boldsymbol{e}_i^{\mathrm{T}}\boldsymbol{x}+f_i-\underline{\eta_i})\geqslant 0,$$

也即

$$(\boldsymbol{c}_i^{\mathrm{T}}\boldsymbol{x}+d_i)(\boldsymbol{e}_i^{\mathrm{T}}\boldsymbol{x}+f_i)-\underline{\eta_i}(\boldsymbol{c}_i^{\mathrm{T}}\boldsymbol{x}+d_i)-\underline{\xi_i}(\boldsymbol{e}_i^{\mathrm{T}}\boldsymbol{x}+f_i)+\underline{\xi_i\eta_i}\geqslant 0.$$

进一步，有

$$(\boldsymbol{c}_i^{\mathrm{T}}\boldsymbol{x}+d_i)(\boldsymbol{e}_i^{\mathrm{T}}\boldsymbol{x}+f_i)\geqslant \underline{\eta_i}(\boldsymbol{c}_i^{\mathrm{T}}\boldsymbol{x}+d_i)+\underline{\xi_i}(\boldsymbol{e}_i^{\mathrm{T}}\boldsymbol{x}+f_i)-\underline{\xi_i\eta_i}. \tag{3-1}$$

此外，因为 $\boldsymbol{c}_i^{\mathrm{T}}\boldsymbol{x}+d_i-\underline{\xi_i}\geqslant 0$，$\boldsymbol{e}_i^{\mathrm{T}}\boldsymbol{x}+f_i-\overline{\eta_i}\leqslant 0$，所以

$$(\boldsymbol{c}_i^{\mathrm{T}}\boldsymbol{x}+d_i-\underline{\xi_i})(\boldsymbol{e}_i^{\mathrm{T}}\boldsymbol{x}+f_i-\overline{\eta_i})\leqslant 0.$$

进而可得

$$(\boldsymbol{c}_i^{\mathrm{T}}\boldsymbol{x}+d_i)(\boldsymbol{e}_i^{\mathrm{T}}\boldsymbol{x}+f_i)\leqslant \overline{\eta_i}(\boldsymbol{c}_i^{\mathrm{T}}\boldsymbol{x}+d_i)+\underline{\xi_i}(\boldsymbol{e}_i^{\mathrm{T}}\boldsymbol{x}+f_i)-\underline{\xi_i}\overline{\eta_i}. \tag{3-2}$$

根据式（3-1）和式（3-2），有如下关系成立：

$$\begin{aligned}\phi(\boldsymbol{x})&=\sum_{i=1}^{p}(\boldsymbol{c}_i^{\mathrm{T}}\boldsymbol{x}+d_i)(\boldsymbol{e}_i^{\mathrm{T}}\boldsymbol{x}+f_i)\\&\geqslant\sum_{i=1}^{p}\left[\underline{\eta_i}(\boldsymbol{c}_i^{\mathrm{T}}\boldsymbol{x}+d_i)+\underline{\xi_i}(\boldsymbol{e}_i^{\mathrm{T}}\boldsymbol{x}+f_i)-\underline{\xi_i\eta_i}\right]\\&=\phi^{l}(x),\end{aligned} \tag{3-3}$$

$$\begin{aligned}\phi(\boldsymbol{x})&=\sum_{i=1}^{p}(\boldsymbol{c}_i^{\mathrm{T}}\boldsymbol{x}+d_i)(\boldsymbol{e}_i^{\mathrm{T}}\boldsymbol{x}+f_i)\\&\leqslant\sum_{i=1}^{p}\left[\overline{\eta_i}(\boldsymbol{c}_i^{\mathrm{T}}\boldsymbol{x}+d_i)+\underline{\xi_i}(\boldsymbol{e}_i^{\mathrm{T}}\boldsymbol{x}+f_i)-\underline{\xi_i}\overline{\eta_i}\right]\\&=\phi^{u}(x).\end{aligned} \tag{3-4}$$

基于以上讨论，线性松弛规划问题 LRP 构造如下：

$$\begin{aligned}\min\quad&\phi^{l}(\boldsymbol{x}).\\ \text{s.t.}\quad&\boldsymbol{A}\boldsymbol{x}\leqslant\boldsymbol{b},\\&\boldsymbol{x}\in H.\end{aligned}$$

显然，其最优值是问题 LMP 在 H 上最优值的一个下界.

定理 3.1　对于所有 $\boldsymbol{x}\in H$，令 $\Delta\boldsymbol{x}=\boldsymbol{u}-\boldsymbol{l}$，考虑函数 $\phi^{l}(\boldsymbol{x}),\phi(\boldsymbol{x})$ 及 $\phi^{u}(\boldsymbol{x})$，则有 $\lim\limits_{\Delta x\to 0}\left[\phi(\boldsymbol{x})-\phi^{l}(\boldsymbol{x})\right]=\lim\limits_{\Delta x\to 0}\left[\phi^{u}(\boldsymbol{x})-\phi(\boldsymbol{x})\right]=0$ 成立.

证明　首先证明 $\lim\limits_{\Delta x\to 0}\left[\phi(\boldsymbol{x})-\phi^{l}(\boldsymbol{x})\right]=0$. 根据 $\phi(\boldsymbol{x})$ 和 $\phi^{l}(\boldsymbol{x})$ 的定义，有

$$\begin{aligned}&\left|\phi(\boldsymbol{x})-\phi^{l}(\boldsymbol{x})\right|\\=&\left|\sum_{i=1}^{p}(\boldsymbol{c}_i^{\mathrm{T}}\boldsymbol{x}+d_i)(\boldsymbol{e}_i^{\mathrm{T}}\boldsymbol{x}+f_i)-\sum_{i=1}^{p}\left[\underline{\eta_i}(\boldsymbol{c}_i^{\mathrm{T}}\boldsymbol{x}+d_i)+\underline{\xi_i}(\boldsymbol{e}_i^{\mathrm{T}}\boldsymbol{x}+f_i)-\underline{\xi_i\eta_i}\right]\right|\\ \leqslant&\left|\sum_{i=1}^{p}\left[(\boldsymbol{c}_i^{\mathrm{T}}\boldsymbol{x}+d_i)(\boldsymbol{e}_i^{\mathrm{T}}\boldsymbol{x}+f_i)-\underline{\eta_i}(\boldsymbol{c}_i^{\mathrm{T}}\boldsymbol{x}+d_i)\right]\right|+\left|\sum_{i=1}^{p}\left[\underline{\xi_i}(\boldsymbol{e}_i^{\mathrm{T}}\boldsymbol{x}+f_i)-\underline{\xi_i\eta_i}\right]\right|\end{aligned}$$

$$\leqslant \sum_{i=1}^{p}\left|\boldsymbol{c}_i^{\mathrm{T}}\boldsymbol{x}+d_i\right|\left|(\boldsymbol{e}_i^{\mathrm{T}}\boldsymbol{x}+f_i)-\underline{\eta_i}\right|+\sum_{i=1}^{p}\left|\underline{\xi_i}\right|\left|\boldsymbol{e}_i^{\mathrm{T}}\boldsymbol{x}+f_i-\underline{\eta_i}\right|. \tag{3-5}$$

因为 $D\cap H^0$ 是一个非空有界集，所以存在 M_i，使得 $M_i=\max\limits_{\boldsymbol{x}\in D\cap H^0}\left|\boldsymbol{c}_i^{\mathrm{T}}\boldsymbol{x}+d_i\right|$．由式（3-5），可知

$$\left|\phi(\boldsymbol{x})-\phi^l(\boldsymbol{x})\right|\leqslant\sum_{i=1}^{p}M_i\left|\overline{\eta_i}-\underline{\eta_i}\right|+\sum_{i=1}^{p}\left|\underline{\xi_i}\right|\left|\overline{\eta_i}-\underline{\eta_i}\right|. \tag{3-6}$$

根据 $\underline{\eta_i}$ 和 $\overline{\eta_i}$ 的定义，可知随着 $\Delta\boldsymbol{x}\to 0$，有 $\Delta s=\overline{\eta_i}-\underline{\eta_i}\to 0$．结合式（3-6），有

$$\lim_{\Delta\boldsymbol{x}\to 0}\left[\phi(\boldsymbol{x})-\phi^l(\boldsymbol{x})\right]=0\,.$$

类似地，可以证明 $\lim\limits_{\Delta\boldsymbol{x}\to 0}\left[\phi^u(\boldsymbol{x})-\phi(\boldsymbol{x})\right]=0$．

定理 3.1 表明，随着 $\Delta\boldsymbol{x}\to 0$，$\phi^l(\boldsymbol{x})$ 和 $\phi^u(\boldsymbol{x})$ 可以无限逼近 $\phi(\boldsymbol{x})$．

3.2　缩减技巧

为改善算法的收敛速度，本节给出两个区域缩减技巧，利用缩减技巧可以删除可行域中不含 LMP 全局最优解的部分．

假定 UB 和 LB 分别是问题 LMP 最优值 v 的当前上界和下界，令

$$\alpha_j=\sum_{i=1}^{p}(\underline{\eta_i}c_{ij}+\underline{\xi_i}e_{ij}),\ j=1,2,\cdots,n,\quad \Lambda_1=\sum_{i=1}^{p}(\underline{\eta_i}d_i+\underline{\xi_i}f_i-\underline{\eta_i}\underline{\xi_i}),$$

$$\gamma_k=\mathrm{UB}-\sum_{j=1,j\neq k}^{n}\min\{\alpha_j l_j,\alpha_j u_j\}-\Lambda_1,\quad k=1,2,\cdots,n,$$

$$\beta_j=\sum_{i=1}^{p}(\overline{\eta_i}c_{ij}+\underline{\xi_i}e_{ij}),\quad j=1,2,\cdots,n,\quad \Lambda_2=\sum_{i=1}^{p}(\overline{\eta_i}d_i+\underline{\xi_i}f_i-\overline{\eta_i}\underline{\xi_i}),$$

$$\rho_k=\mathrm{LB}-\sum_{j=1,j\neq k}^{n}\max\{\beta_j l_j,\beta_j u_j\}-\Lambda_2,\quad k=1,2,\cdots,n.$$

下面定理给出了相关的结论．

定理 3.2　对于任何子矩形 $H\subseteq H^0$，其中 $H_j=[l_j,u_j]$，如果存在某个指标 $k\in\{1,2,\cdots,n\}$，使得 $\alpha_k>0$ 且 $\gamma_k<\alpha_k u_k$，则问题 LMP 在 H^1 上不存在全局最优解；如果对于某个 k，有 $\alpha_k<0$ 且 $\gamma_k<\alpha_k l_k$，则问题 LMP 在 H^2 上不存在全局最优解，其中，

$$H^1=(H_j^1)_{n\times 1}\subseteq H,\quad H_j^1=\begin{cases}H_j, & j\neq k,\\ \left(\dfrac{\gamma_k}{\alpha_k},u_k\right]\cap H_k, & j=k,\end{cases}$$

$$H^2=(H_j^2)_{n\times1}\subseteq H,\quad H_j^2=\begin{cases}H_j, & j\neq k,\\ \left[l_k,\dfrac{\gamma_k}{\alpha_k}\right)\cap H_k, & j=k.\end{cases}$$

证明　首先证明对于所有 $\boldsymbol{x}\in H^1$，$\phi(\boldsymbol{x})>\mathrm{UB}$．考虑 $\boldsymbol{x}$ 的第 k 个分量 x_k．因为 $x_k\in\left(\dfrac{\gamma_k}{\alpha_k},u_k\right]$，所以

$$\frac{\gamma_k}{\alpha_k}<x_k\leqslant u_k.$$

由 $\alpha_k>0$，知 $\gamma_k<\alpha_k x_k$．对于所有的 $\boldsymbol{x}\in H^1$，根据上述不等式及 γ_k 的定义，易知

$$\mathrm{UB}-\sum_{j=1,j\neq k}^{n}\min\{\alpha_j l_j,\alpha_j u_j\}-\varLambda_1<\alpha_k x_k,$$

即

$$\begin{aligned}\mathrm{UB}&<\sum_{j=1,j\neq k}^{n}\min\{\alpha_j l_j,\alpha_j u_j\}+\alpha_k x_k+\varLambda_1\\&\leqslant\sum_{j=1}^{n}\alpha_j x_j+\varLambda_1\\&=\phi^l(\boldsymbol{x}).\end{aligned}$$

因此，对于所有 $\boldsymbol{x}\in H^1$，有 $\phi(\boldsymbol{x})\geqslant\phi^l(\boldsymbol{x})>\mathrm{UB}\geqslant v$，即对于所有 $\boldsymbol{x}\in H^1$，$\phi(\boldsymbol{x})$ 总大于问题 LMP 的最优值 v．故问题 LMP 在 H^1 上不可能存在全局最优解．

对于所有 $\boldsymbol{x}\in H^2$，如果存在某个 k，使得 $\alpha_k<0$ 且 $\gamma_k<\alpha_k l_k$．类似地，可以证明问题 LMP 在 H^2 上也不可能含有全局最优解．

定理 3.3　对于任意子矩形 $H\subseteq H^0$，其中 $H_j=[l_j,u_j]$，如果存在某个指标 $k\in\{1,2,\cdots,n\}$，使得 $\beta_k>0$ 且 $\rho_k>\beta_k l_k$，则问题 LMP 在 H^3 上不可能含有全局最优解；如果存在某个 k，使得 $\beta_k<0$ 且 $\rho_k>\beta_k u_k$，则问题 LMP 在 H^4 上不可能含有全局最优解，其中，

$$H^3=(H_j^3)_{n\times1}\subseteq H,\quad H_j^3=\begin{cases}H_j, & j\neq k,\\ \left[l_k,\dfrac{\rho_k}{\beta_k}\right)\cap H_k, & j=k,\end{cases}$$

$$H^4=(H_j^4)_{n\times1}\subseteq H,\quad H_j^4=\begin{cases}H_j, & j\neq k,\\ \left(\dfrac{\rho_k}{\beta_k},u_k\right]\cap H_k, & j=k.\end{cases}$$

证明　首先证明对于所有 $\boldsymbol{x}\in H^3$，有 $\phi(\boldsymbol{x})<\mathrm{LB}$．考虑 $\boldsymbol{x}$ 的第 k 个分量 x_k．由

假设及 β_k 和 ρ_k 的定义，知

$$l_k \leqslant x_k < \frac{\rho_k}{\beta_k}.$$

注意到 $\beta_k > 0$，从而有 $\rho_k > \beta_k x_k$. 对于所有 $\boldsymbol{x} \in H^3$，结合上述不等式及 ρ_k 的定义，有

$$\begin{aligned}
\mathrm{LB} &> \sum_{j=1, j\neq k}^{n} \max\{\beta_j l_j, \beta_j u_j\} + \beta_k x_k + \Lambda_2 \\
&\geqslant \sum_{j=1}^{n} \beta_j x_j + \Lambda_2 = \phi^u(\boldsymbol{x}) \geqslant \phi(\boldsymbol{x}).
\end{aligned}$$

因此，对于所有 $\boldsymbol{x} \in H^3$，有 $v \geqslant \mathrm{LB} > \phi(\boldsymbol{x})$，即问题 LMP 在 H^3 上没有全局最优解.

对于所有 $\boldsymbol{x} \in H^4$，如果存在某个 k，使得 $\beta_k < 0$ 及 $\rho_k > \beta_k u_k$ 成立. 类似地，可以得出问题 LMP 在 H^4 上也不可能含有全局最优解.

3.3　算法及其收敛性

基于上述结果，本节给出算法描述及其收敛性证明.

3.3.1　分支规则

在分支定界算法中，分支规则是保证算法收敛的关键环节. 本章算法中采用的是简单的对分规则，该规则可以保证算法的收敛性.

考虑分支过程中的任意子矩形 $H = \left\{\boldsymbol{x} \in \mathbf{R}^n \mid l_j \leqslant x_j \leqslant u_j, j = 1, 2, \cdots, n\right\} \subseteq H^0$. 该分支规则如下：

1）令 $k = \operatorname{argmax}\left\{u_j - l_j \mid j = 1, 2, \cdots, n\right\}$；

2）令 $\tau = (l_k + u_k)/2$；

3）令

$$H^1 = \left\{\boldsymbol{x} \in \mathbf{R}^n \mid l_j \leqslant x_j \leqslant u_j, j \neq k, l_k \leqslant x_k \leqslant \tau\right\},$$
$$H^2 = \left\{\boldsymbol{x} \in \mathbf{R}^n \mid l_j \leqslant x_j \leqslant u_j, j \neq k, \tau \leqslant x_k \leqslant u_k\right\}.$$

通过使用该规则，矩形 H 被剖分成两个子矩形 H^1 和 H^2.

3.3.2　分支定界算法

基于以上讨论，下面给出求解问题 LMP 的分支定界算法. 令 $\mathrm{LB}(H^k)$ 是问题

LRP 在 $H = H^k$ 上的下界，且 $\boldsymbol{x}^k = \boldsymbol{x}(H^k)$ 是相应的最优解. 具体的算法描述如下.

步骤 1　选取 $\varepsilon \geqslant 0$，确定问题 LRP 在 $H = H^0$ 上的最优解 $\boldsymbol{x}^0 = \boldsymbol{x}(H^0)$ 及最优值 $\mathrm{LB}(H^0)$. 置 $\mathrm{LB}_0 = \mathrm{LB}(H^0)$，$\mathrm{UB}_0 = \phi(\boldsymbol{x}^0)$，如果 $\mathrm{UB}_0 - \mathrm{LB}_0 \leqslant \varepsilon$，则停止计算，此时 $\boldsymbol{x}^0$ 是问题 LMP 的一个 ε-全局最优解；否则，置 $Q_0 = \{H^0\}$，$F = \varnothing$，$k = 1$，并转步骤 2.

步骤 2　置 $\mathrm{UB}_k = \mathrm{UB}_{k-1}$，将 H^{k-1} 剖分为两个子矩形 $H^{k,1}, H^{k,2}$，置 $F = F \cup (H^{k-1})$.

步骤 3　置 $t = t+1$，如果 $t > 2$，则转步骤 5；否则，继续.

步骤 4　如果 $\mathrm{LB}(H^{k,t}) > \mathrm{UB}_k$，则置 $F = F \cup \{H^{k,t}\}$，并转步骤 3；否则，令 $\mathrm{UB}_k = \min\left\{\mathrm{UB}_k, \phi(\boldsymbol{x}^{k,t})\right\}$，如果 $UB_k = \phi(\boldsymbol{x}^{k,t})$，则置 $\boldsymbol{x}^k = \boldsymbol{x}^{k,t}$，转步骤 3.

步骤 5　置

$$F = F \cup \left\{H \in Q_{k-1} \mid \mathrm{UB}_k \leqslant \mathrm{LB}(H)\right\},$$

$$Q_k = \left\{H \mid H \in \left(Q_{k-1} \cup \{H^{k,1}, H^{k,2}\}\right), H \notin F\right\}.$$

步骤 6　置 $\mathrm{LB}_k = \min\left\{\mathrm{LB}(H) \mid H \in Q_k\right\}$，令 H^k 是满足 $\mathrm{LB}_k = \mathrm{LB}(H^k)$ 的矩形，如果 $\mathrm{UB}_k - \mathrm{LB}_k \leqslant \varepsilon$，则停止计算，此时 $\boldsymbol{x}^k$ 是问题 LMP 的一个 ε-全局最优解；否则，置 $k = k+1$，并转步骤 2.

3.3.3　收敛性分析

这一节给出分支定界算法的收敛性分析.

定理 3.4　上述分支定界算法或有限步终止，并确定一个 ε-全局最优解，或无限步终止，产生一序列 $\{\boldsymbol{x}^k\}$，其极限就是问题 LMP 的一个全局最优解.

证明　如果算法有限步终止，不是一般性，假定算法在第 k 步终止，根据算法，有

$$\mathrm{UB}_k - \mathrm{LB}_k \leqslant \varepsilon.$$

因此 $\boldsymbol{x}^k$ 是问题 LMP 一个 ε-全局最优解.

如果算法无限步终止，则算法将产生一无穷序列 $\{\boldsymbol{x}^k\}$. 因为问题 LMP 的可行域是有界的，所以序列 $\{\boldsymbol{x}^k\}$ 一定存在收敛子列. 不失一般性，设 $\lim\limits_{k\to\infty} \boldsymbol{x}^k = \boldsymbol{x}^*$. 根据算法，有

$$\lim_{k\to\infty} \mathrm{LB}_k \leqslant v.$$

一方面，因为 $\boldsymbol{x}^*$ 是问题 LMP 的一个可行解，所以 $v \leqslant \phi(\boldsymbol{x}^*)$．综上有以下关系成立：

$$\lim_{k\to\infty} \mathrm{LB}_k \leqslant v \leqslant \phi(\boldsymbol{x}^*).$$

另一方面，根据算法及函数 $\phi^l(\boldsymbol{x})$ 的连续性，有

$$\lim_{k\to\infty} \mathrm{LB}_k = \lim_{k\to\infty} \phi^l(\boldsymbol{x}^k) = \phi^l(\boldsymbol{x}^*).$$

结合定理 3.1，有

$$\phi(\boldsymbol{x}^*) = \phi^l(\boldsymbol{x}^*),$$

所以 $v = \phi(\boldsymbol{x}^*)$．因此 $\boldsymbol{x}^*$ 是问题 LMP 的一个全局最优解．

3.3.4　数值试验

为验证所提算法的有效性，本小节进行了一些数值试验，并与文献[44]、[45]、[47]～[55]中的计算结果进行了比较．程序采用 MATLAB 7.1 软件进行编写，并在 Pentium Ⅳ（3.06GHz）个人计算机上运行．所有的线性规划求解均采用单纯形方法，试验中的收敛误差 ε 为 1×10^{-6}，算法的运行时间单位为 s．

例 3.1[44-45,55]

$$\begin{aligned}
\min\quad & (x_1 + x_2)(x_1 - x_2 + 7).\\
\text{s.t.}\quad & 2x_1 + x_2 \leqslant 14,\\
& x_1 + x_2 \leqslant 10,\\
& -4x_1 + x_2 \leqslant 0,\\
& -2x_1 - x_2 \leqslant -6,\\
& -x_1 - 2x_2 \leqslant -6,\\
& x_1 - x_2 \leqslant 3,\\
& x_1 \geqslant 0,\ x_2 \geqslant 0.
\end{aligned}$$

例 3.2[44,47]

$$\begin{aligned}
\min\quad & x_1 + (2x_1 - 3x_2 + 13)(x_1 + x_2 - 1).\\
\text{s.t.}\quad & -x_1 + 2x_2 \leqslant 8,\\
& -x_2 \leqslant -3,\\
& x_1 + 2x_2 \leqslant 12,\\
& x_1 - 2x_2 \leqslant -5,\\
& x_1 \geqslant 0,\ x_2 \geqslant 0.
\end{aligned}$$

例 3.3[44,48]

$$\begin{aligned}\min\quad & (0.813396x_1+0.67440x_2+0.305038x_3+0.129742x_4+0.217796)\\ & \times(0.224508x_1+0.063458x_2+0.932230x_3+0.528736x_4+0.091947).\\ \text{s.t.}\quad & 0.488509x_1+0.063565x_2+0.945686x_3+0.210704x_4\leqslant 3.562809,\\ & -0.324014x_1-0.501754x_2-0.719204x_3+0.099562x_4\leqslant -0.052215,\\ & 0.445225x_1-0.346896x_2+0.637939x_3-0.257623x_4\leqslant 0.427920,\\ & -0.202821x_1+0.647361x_2+0.920135x_3-0.983091x_4\leqslant 0.840950,\\ & -0.886420x_1-0.802444x_2-0.305441x_3-0.180123x_4\leqslant -1.353686,\\ & -0.515399x_1-0.424820x_2+0.897498x_3+0.187268x_4\leqslant 2.137251,\\ & -0.591515x_1+0.060581x_2-0.427365x_3+0.579388x_4\leqslant -0.290987,\\ & 0.423524x_1+0.940496x_2-0.437944x_3-0.742941x_4\leqslant 0.373620,\\ & x_1\geqslant 0,\ x_2\geqslant 0,\ x_3\geqslant 0,\ x_4\geqslant 0.\end{aligned}$$

例 3.4[49-50]

$$\begin{aligned}\min\quad & x_1+(x_1-x_2+5)(x_1+x_2-1).\\ \text{s.t.}\quad & -2x_1-3x_2\leqslant -9,\\ & 3x_1-x_2\leqslant 8,\\ & -x_1+2x_2\leqslant 8,\\ & x_1+2x_2\leqslant 12,\\ & x_1\geqslant 0.\end{aligned}$$

例 3.5[51]

$$\begin{aligned}\min\quad & (x_1+x_2)(x_1-x_2)+(x_1+x_2+1)(x_1-x_2+1).\\ \text{s.t.}\quad & x_1+2x_2\leqslant 10,\\ & x_1-3x_2\leqslant 20,\\ & 1\leqslant x_1\leqslant 3,\ 1\leqslant x_2\leqslant 3.\end{aligned}$$

例 3.6[51]

$$\begin{aligned}\min\quad & (x_1+x_2)(x_1-x_2)+(x_1+x_2+2)(x_1-x_2+2).\\ \text{s.t.}\quad & x_1+2x_2\leqslant 20,\\ & x_1-3x_2\leqslant 20,\\ & 1\leqslant x_1\leqslant 4,\ 1\leqslant x_2\leqslant 4.\end{aligned}$$

例 3.7[52]

$$\begin{aligned}\min\quad & (2x_1-2x_2+x_3+2)(-2x_1+3x_2+x_3-4)\\ & +(-2x_1+x_2+x_3+2)(x_1+x_2-3x_3+5)\\ & +(-2x_1-x_2+2x_3+7)(4x_1-x_2-2x_3-5).\end{aligned}$$

$$\begin{aligned}\text{s.t.}\quad & x_1+x_2+x_3\leqslant 10,\\ & x_1-2x_2+3x_3\leqslant 10,\\ & -2x_1+2x_2+3x_3\leqslant 10,\\ & -x_1+2x_2+3x_3\geqslant 6,\\ & x_1\geqslant 1,\ x_2\geqslant 1,\ x_3\geqslant 1.\end{aligned}$$

例 3.8[53]

$$\begin{aligned}\max\quad & (-2x_1+3x_2-6)(3x_1-5x_2+3)+(4x_1-5x_2-7)(-3x_1+3x_2+4).\\ \text{s.t.}\quad & x_1+x_2\leqslant 1.5,\\ & x_1-x_2\leqslant 0,\\ & x_1\geqslant 0,\ x_2\geqslant 0.\end{aligned}$$

例 3.9[54]

$$\begin{aligned}\max\quad & (x_1+2x_2-2)(-2x_1-x_2+3)+(3x_1-2x_2+3)(x_1-x_2-1)\\ \text{s.t.}\quad & -2x_1+3x_2\leqslant 6,\\ & 4x_1-5x_2\leqslant 8,\\ & 5x_1+3x_2\leqslant 15,\\ & -4x_1-3x_2\leqslant -12,\\ & x_1\geqslant 0,\ x_2\geqslant 0.\end{aligned}$$

例 3.1～例 3.9 的比较结果如表 3.1 所示.

表 3.1　例 3.1～例 3.9 的比较结果

例	方法	最优解	最优值	时间/s	迭代次数
3.1	文献[44]	(2.0,8.0)	10	5.0780	48
	文献[45]	(2.0,8.0)	10	0.3	53
	文献[55]	(2.0003,7.9999)	10.0042	10.83	27
	本章方法	(2.0,8.0)	10	0.062	1
3.2	文献[44]	(0.0,4.0)	3	0.2030	2
	文献[47]	(0.0,4.0)	3		3
	本章方法	(0.0.,4.0)	3	0.086	1
3.3	文献[44]	(1.3148,0.1396,0.0,0.0423)	0.8902	0.1880	1
	文献[48]	(1.3148,0.1396,0.0,0.0423)	0.8902		6
	本章方法	(1.3148,0.1396,0.0,0.0423)	0.8902	0.093	1
3.4	文献[49]	(0.0,4.0)	3		
	文献[50]	(0.0,4.0)	3		
	本章方法	(0.0,4.0)	3	0.0842	1
3.5	文献[51]	(1.0,3.0)	−13		
	本章方法	(1.0,3.0)	−13	0.0150	1
3.6	文献[51]	(1.0,4.0)	−22		
	本章方法	(1.0,4.0)	−22	0.0160	1

续表

例	方法	最优解	最优值	时间/s	迭代次数
3.7	文献[52]	(5.5556,1.7778,2.6667)	−112.754		57
	本章方法	(5.5556,1.7778,2.6667)	−112.754	1.5930	49
3.8	文献[53]	(0.74984,0.74984)	−38.87628		13
	本章方法	(0.75,0.75)	−38.8750	0.781	27
3.9	文献[54]	(1.547,2.421)	−16.2837		7
	本章方法	(1.5509,2.4152)	−16.2891	0.659	10

由表 3.1 可以看到，本章算法在大多数情况下比文献[44]、[45]、[47]～[55]中的方法效率要高.

对于例 3.8 和例 3.9，尽管本章算法的迭代次数比文献[53]、[54]中的要多，但是我们的算法所获得的最优解和最优值要比它们的好.

表 3.1 中数值试验的结果表示本章的算法是有效可行性的.

第 4 章　线性比式和规划问题的全局最优化

本章考虑线性比式和规划（fractional programming，FP）问题（以下称问题 FP）以及广义线性比式和规划（generalized fractional programming，GFP）问题（以下称问题 GFP），数学模型如下：

形式 1

$$\mathrm{FP}\begin{cases}\max \quad f(\boldsymbol{x})=\sum_{i=1}^{p}\dfrac{n_i(\boldsymbol{x})}{m_i(\boldsymbol{x})},\\ \text{s.t.} \quad \boldsymbol{x}\in\Lambda=\{\boldsymbol{x}\mid \boldsymbol{A}\boldsymbol{x}\leqslant\boldsymbol{b}\}.\end{cases}$$

形式 2

$$\mathrm{GFP}\begin{cases}v= \quad \max \quad f(\boldsymbol{x})=\sum_{i=1}^{p}\dfrac{n_i(\boldsymbol{x})}{m_i(\boldsymbol{x})},\\ \qquad\quad \text{s.t.} \quad \boldsymbol{x}\in\Lambda=\{\boldsymbol{x}\mid \boldsymbol{A}\boldsymbol{x}\leqslant\boldsymbol{b}\}.\end{cases}$$

在形式 1 和形式 2 中，$p\geqslant 2$，$n_i(\boldsymbol{x})=\sum_{j=1}^{n}c_{ij}x_j+d_i$，$m_i(\boldsymbol{x})=\sum_{j=1}^{n}e_{ij}x_j+f_i\neq 0$ 是有限的仿射函数，$\boldsymbol{A}\in\mathbf{R}^{m\times n}$，$\boldsymbol{b}\in\mathbf{R}^{m}$，$c_{ij},d_i,e_{ij},f_i$ 是任意实数，$\Lambda=\{\boldsymbol{x}\in\mathbf{R}^{n}\mid \boldsymbol{A}\boldsymbol{x}\leqslant\boldsymbol{b}\}$ 为非空有界集.

两种形式的区别在于，形式 1 中要求 $n_i(\boldsymbol{x})=\sum_{j=1}^{n}c_{ij}x_j+d_i\geqslant 0$，而形式 2 不要求，因此形式 2 比形式 1 具有更广泛的应用.

线性比式和问题是比式规划中一类特殊的最优化问题，近些年来引起了众多学者的关注. 一是因为线性比式和问题在实际应用中非常广泛，且许多非线性规划问题可以转化为此类问题[56-57]；二是因为从研究的意义上看，对这类问题求解方法的研究有很大的理论意义，也有很多计算上的困难，即此类问题通常具有多个非全局的局部最优解. 因此，研究问题 FP 和 GFP 求解方法既有理论意义，又有实用价值.

在过去的几十年里，为求解问题 FP 和 GFP 的特殊情况，人们提出了很多算法. 这些算法大多是在对任意 $\boldsymbol{x}\in\Lambda$ 有 $\sum_{j=1}^{n}c_{ij}x_j+d_i\geqslant 0$ 和 $\sum_{j=1}^{n}e_{ij}x_j+f_i>0$ 的假设下进行的[58-61]. 对于较一般的线性比式和问题 GFP，人们也提出了一些方法，如文献[62]、[63].

本章分别利用问题 FP 和 GFP 的结构特点提出了两个有效的分支定界算法.

4.1 问题 FP 的求解方法

4.1.1 等价问题及其线性松弛

为求解问题 FP，首先将 FP 转化为一个非凸规划的等价问题 EP（equivalent problem），然后对问题 EP 进行线性松弛. 下面介绍其具体过程.

1. 等价问题

对于问题 FP，利用中值定理，显然有 $m_i(\boldsymbol{x})>0$ 或 $m_i(\boldsymbol{x})<0$. 不失一般性，假定 $m_i(\boldsymbol{x})>0(i=1,2,\cdots,T)$，$m_i(\boldsymbol{x})<0(i=T+1,T+2,\cdots,p)$. 令

$$\underline{x_j}=\min_{x\in\Lambda}x_j,\quad \overline{x_j}=\max_{x\in\Lambda}x_j,j=1,2,\cdots,n,$$

$$\overline{l_i}=\frac{1}{\sum_{j=1}^{n}\max\left\{e_{ij}\underline{x_j},e_{ij}\overline{x_j}\right\}+f_i},\quad \overline{u_i}=\frac{1}{\sum_{j=1}^{n}\min\left\{e_{ij}\underline{x_j},e_{ij}\overline{x_j}\right\}+f_i},i=1,2,\cdots,p,$$

$$\underline{z_i}=\ln\left(\overline{l_i}\right),\quad \overline{z_i}=\ln\left(\overline{u_i}\right),i=1,2,\cdots,T,$$

$$\underline{z_i}=\ln\left(-\overline{u_i}\right),\quad \overline{z_i}=\ln\left(-\overline{l_i}\right),i=T+1,T+2,\cdots,p.$$

则问题 FP 可转化为如下等价的非凸规划问题 EP:

$$\begin{aligned}
\max\quad & \phi_0(\boldsymbol{x},\boldsymbol{z})=\sum_{i=1}^{T}\exp(z_i)n_i(\boldsymbol{x})-\sum_{i=T+1}^{p}\exp(z_i)n_i(\boldsymbol{x}).\\
\text{s.t.}\quad & \phi_i(\boldsymbol{x},\boldsymbol{z})=\exp(z_i)m_i(\boldsymbol{x})\leqslant 1,i=1,2,\cdots,T,\\
& \phi_i(\boldsymbol{x},\boldsymbol{z})=-\exp(z_i)m_i(\boldsymbol{x})\geqslant 1,i=T+1,T+2,\cdots,p,\\
& \boldsymbol{Ax}\leqslant\boldsymbol{b},\ \boldsymbol{x}\in\phi_0=\left[\underline{\boldsymbol{x}},\overline{\boldsymbol{x}}\right].
\end{aligned}$$

问题 FP 及问题 EP 的等价性由下面的定理给出.

定理 4.1 如果 $(\boldsymbol{x}^*,z_1^*,\cdots,z_p^*)$ 是问题 EP 的一个全局最优解，则 $\boldsymbol{x}^*$ 是问题 FP 的一个全局最优解；反之，如果 $\boldsymbol{x}^*$ 是问题 FP 的一个全局最优解，则 $(\boldsymbol{x}^*,z_1^*,\cdots,z_p^*)$ 是问题 EP 的一个全局最优解，其中，

$$z_i^*=\ln\left[\frac{1}{m_i(\boldsymbol{x}^*)}\right](i=1,2,\cdots,T),\quad z_i^*=\ln\left[-\frac{1}{m_i(\boldsymbol{x}^*)}\right](i=T+1,T+2,\cdots,p).$$

证明 由问题 FP 和问题 EP 的定义易知结论成立.

根据定理 4.1，为求解问题 FP，可转化为求其等价问题 EP，且问题 FP 和问题 EP 的最优值是相等的.

2. 线性松弛

为求解问题 EP，需要构造 EP 的线性松弛规划问题，其最优值可以为 EP 的最优值提供一个上界.

令 X 表示初始矩形 X_0，或者由算法产生的 X_0 的子矩形. 不失一般性，令 $X=\left\{\boldsymbol{x}\mid \underline{x_j}\leqslant x_j\leqslant \overline{x_j}, j=1,2,\cdots,n\right\}$.

下面说明如何构造问题 EP 在 X 上的线性松弛规划问题. 首先考虑目标函数 $\phi_0(\boldsymbol{x},\boldsymbol{z})$. 因为 $\exp(z_i)$ 是增函数，且 $n_i(\boldsymbol{x})\geqslant 0$，所以有

$$\phi_0^u(\boldsymbol{x},\boldsymbol{z})=\sum_{i=1}^{T}\exp(\overline{z_i})n_i(\boldsymbol{x})-\sum_{i=T+1}^{p}\exp(\underline{z_i})n_i(\boldsymbol{x})\geqslant\phi_0(\boldsymbol{x},\boldsymbol{z}).\tag{4-1}$$

然后考虑约束函数 $\phi_i(\boldsymbol{x},\boldsymbol{z}),i=1,2,\cdots,p$. 对于 $i=1,2,\cdots,T$，因为 $m_i(\boldsymbol{x})>0$，所以

$$\phi_i^l(\boldsymbol{x},\boldsymbol{z})=\exp(\underline{z_i})m_i(\boldsymbol{x})\leqslant\exp(z_i)m_i(\boldsymbol{x})=\phi_i(\boldsymbol{x},\boldsymbol{z}).\tag{4-2}$$

对于 $i=T+1,T+2,\cdots,p$，因为 $d_i(x)<0$，所以

$$\phi_i^u(\boldsymbol{x},\boldsymbol{z})=-\exp(\overline{z_i})m_i(\boldsymbol{x})\geqslant-\exp(z_i)m_i(\boldsymbol{x})=\phi_i(\boldsymbol{x},\boldsymbol{z}).\tag{4-3}$$

结合式（4-1）～式（4-3），可构造问题 EP 在 X 上的线性松弛规划问题 LRP 如下：

$$\begin{aligned}
\max\quad & \phi_0^u(\boldsymbol{x},\boldsymbol{z})=\sum_{i=1}^{T}\exp(\overline{z_i})n_i(\boldsymbol{x})-\sum_{i=T+1}^{p}\exp(\underline{z_i})n_i(\boldsymbol{x}).\\
\text{s.t.}\quad & \phi_i^l(\boldsymbol{x},\boldsymbol{z})=\exp(\underline{z_i})m_i(\boldsymbol{x})\leqslant 1, i=1,2,\cdots,T,\\
& \phi_i^u(\boldsymbol{x},\boldsymbol{z})=-\exp(\overline{z_i})m_i(\boldsymbol{x})\geqslant 1, i=T+1,T+2,\cdots,p,\\
& \boldsymbol{Ax}\leqslant\boldsymbol{b},\ \ \boldsymbol{x}\in X.
\end{aligned}$$

定理 4.2　令 $\delta_j=\overline{x_j}-\underline{x_j}$，$j=1,\cdots,n$，则，对 $\forall\boldsymbol{x}\in X$，随着 $\delta_j\to 0$，有

$$\begin{aligned}
\varDelta_0&=\phi_0^u(\boldsymbol{x},\boldsymbol{z})-\phi_0(\boldsymbol{x},\boldsymbol{z})\to 0,\\
\varDelta_i&=\phi_i(\boldsymbol{x},\boldsymbol{z})-\phi_i^l(\boldsymbol{x},\boldsymbol{z})\to 0, i=1,2,\cdots,T,\\
\varDelta_i&=\phi_i^u(\boldsymbol{x},\boldsymbol{z})-\phi_i(\boldsymbol{x},\boldsymbol{z})\to 0, i=T+1,T+2,\cdots,p.
\end{aligned}$$

证明　由 $\underline{z_i}$ 和 $\overline{z_i}$ 的定义知，随着 $\delta_j\to 0$，必有 $\overline{z_i}-\underline{z_i}\to 0$. 从而，随着 $\delta_j\to 0$，有

$$\begin{aligned}
\varDelta_0&=\phi_0^u(\boldsymbol{x},\boldsymbol{z})-\phi_0(\boldsymbol{x},\boldsymbol{z})\to 0,\\
\varDelta_i&=\phi_i(\boldsymbol{x},\boldsymbol{z})-\phi_i^l(\boldsymbol{x},\boldsymbol{z})\to 0, i=1,2,\cdots,T,\\
\varDelta_i&=\phi_i^u(\boldsymbol{x},\boldsymbol{z})-\phi_i(\boldsymbol{x},\boldsymbol{z})\to 0, i=T+1,T+2,\cdots,p.
\end{aligned}$$

下面证明随着 $\delta_j\to 0$，有 $\varDelta_i\to 0(i=1,\cdots,p,j=1,\cdots,n)$. 因为对于 $i=1,2,\cdots,T$,

$$\varDelta_i=\varphi_i(\boldsymbol{x},\boldsymbol{z})-\varphi_i^l(\boldsymbol{x},\boldsymbol{z})=\left[\exp(z_i)-\exp(\underline{z_i})\right]m_i(\boldsymbol{x}),$$

对于 $i=T+1,T+2,\cdots,p$，

$$\Delta_i=\varphi_i^u(\boldsymbol{x},\boldsymbol{z})-\varphi_i(\boldsymbol{x},\boldsymbol{z})=-\left[\exp(\overline{z_i})-\exp(z_i)\right]m_i(\boldsymbol{x}),$$

且随着 $\delta_j\to 0$，有 $z_i\to \underline{z_i},z_i\to\overline{z_i}$，所以有 $\Delta_i\to 0(i=1,2,\cdots,p)$，即证.

根据以上讨论，显然问题 LRP 的最优值可以为问题 EP 的最优值提供上界，即若用 V[EP]表示问题 EP 的最优值，则有

$$V[\mathrm{LRP}]\geqslant V[\mathrm{EP}].$$

4.1.2 算法及其收敛性

在前文基础上，给出求解问题 EP 的全局最优化算法．在算法中，假定在第 k 次迭代时，Q_k 表示由活动节点（即可能存在全局解的子长方体）构成的集合．对每一个节点 $X\in Q_k$，求解线性规划 LRP(X)的最优值 $\mathrm{UB}(X)=V[\mathrm{LRP}(X)]$，而问题 EP 的全局最优值的上界为 $\mathrm{UB}_k=\max\{\mathrm{UB}(X),\forall X\in Q_k\}$．对 $\forall X\in Q_k$，若 LRP(X)的最优解对问题 EP 是可行的，则更新问题 EP 的上界（若需要）．选定一个具有最大上界的活动节点，并将其分成两部分，然后对每个新的节点求其相应的解，重复这一过程直到满足收敛条件为止．

1．分支规则

众所周知，保证算法收敛的一个关键步骤是分支策略的选取．本节选取矩形对分规则．

令 $X=\left\{\boldsymbol{x}\in\mathbf{R}^n\mid \underline{x_i}\leqslant x_i\leqslant\overline{x_i},i=1,2,\cdots,n\right\}\subseteq X_0$ 为任一将被剖分的矩形．该分支规则如下：

1）令

$$j=\operatorname{argmax}\left\{\overline{x_i}-\underline{x_i},i=1,2,\cdots,n\right\}.$$

2）令

$$\gamma_j=\frac{1}{2}\left(\underline{x_j}+\overline{x_j}\right).$$

3）令

$$X_1=\left\{\boldsymbol{x}\in\mathbf{R}^n|\underline{x_i}\leqslant x_i\leqslant\overline{x_i},i\neq j,\ \underline{x_j}\leqslant x_j\leqslant\gamma_j\right\},$$

$$X_2=\left\{\boldsymbol{x}\in\mathbf{R}^n|\underline{x_i}\leqslant x_i\leqslant\overline{x_i},i\neq j,\ \gamma_j\leqslant x_j\leqslant\overline{x_j}\right\}.$$

通过该分支规则，矩形 X 被剖分为两个子矩形 X_1 和 X_2．

2．算法描述

下面给出算法的具体描述．在算法中，UB(X)表示问题 LRP 在矩形 X 上的最

优值.

步骤 1　选取 $\varepsilon \geqslant 0$. 确定问题 LRP 在矩形 $X = X_0$ 上的最优解 $\boldsymbol{x}^0$ 和最优值 $\mathrm{UB}(X_0)$. 令

$$z_i^0 = \ln\left[\frac{1}{m_i(\boldsymbol{x}^0)}\right](i=1,2,\cdots,T),\ \ z_i^0 = \ln\left[-\frac{1}{m_i(\boldsymbol{x}^0)}\right](i=T+1,T+2,\cdots,p),$$

并置

$$\mathrm{UB}_0 = \mathrm{UB}(X_0),\ \ \mathrm{LB}_0 = \phi_0(\boldsymbol{x}^0, \boldsymbol{z}^0).$$

如果 $\mathrm{UB}_0 - \mathrm{LB}_0 \leqslant \varepsilon$，则停止，此时 $\boldsymbol{x}^0$ 是问题 FP 的全局 ε-最优解；否则，置

$$Q_0 = \{X_0\},\ \ F = \varnothing,\ \ k = 1,$$

并转步骤 2.

步骤 2　$k \geqslant 1$.

步骤 2.1　置 $\mathrm{LB}_k = \mathrm{LB}_{k-1} = \mathrm{LB}(X_{k-1})$. 将 X_{k-1} 剖分为子矩形 $X_{k,1}, X_{k,2} \subseteq \mathbf{R}^n$，令 $F = F \cup \{X_{k-1}\}$.

步骤 2.2　对于子矩形 $X_{k,1}$ 和 $X_{k,2}$，修正相应参数 $\underline{z_i}, \overline{z_i}(i=1,2,\cdots,p)$. 确定问题 LRP 在矩形 $X = X_{k,t}$ 的最优值 $\mathrm{UB}(X_{k,t})$ 及最优解 $x^{k,t}$，其中 $t=1,2$. 令 $z_i^{k,t} = \ln\left[\frac{1}{m_i(\boldsymbol{x}^{k,t})}\right](i=1,2,\cdots,T)$, $z_i^{k,t} = \ln\left[-\frac{1}{m_i(\boldsymbol{x}^{k,t})}\right]$ $(i=T+1,T+2,\cdots,p)$，如果可能，修正下界并令 $\boldsymbol{x}^k$ 表示满足 $\mathrm{LB}_k = \phi_0(\boldsymbol{x}^k, \boldsymbol{z}^k)$ 的点.

步骤 2.3　如果 $\mathrm{UB}(X_{k,t}) \leqslant \mathrm{LB}_k$，则令

$$F = F \cup \{X_{k,t}\}.$$

步骤 2.4　令

$$F = F \cup \left\{X \in Q_{k-1} \mid \mathrm{UB}(X) \leqslant \mathrm{LB}_k\right\}.$$

步骤 2.5　令

$$Q_k = \left\{X \mid X \in \left(Q_{k-1} \cup \{X_{k,1}, X_{k,2}\}\right), X \notin F\right\}.$$

步骤 2.6　置 $\mathrm{UB}_k = \max\left\{\mathrm{UB}(X) \mid X \in Q_k\right\}$，并令 $X_k \in Q_k$，为满足 $\mathrm{UB}_k = \mathrm{UB}(X_k)$ 的矩形. 如果 $\mathrm{UB}_k - \mathrm{LB}_k \leqslant \varepsilon$，则停止，此时 $\boldsymbol{x}^k$ 是问题 FP 全局 ε-最优解；否则，置 $k = k+1$，并转步骤 2.

3. 算法的收敛性

下面给出算法的全局收敛性.

定理 4.3　1）如果算法在有限步终止，则当终止时，$\boldsymbol{x}^k$ 是问题 FP 的全局 ε-最优解.

2）如果算法在无限步终止，则算法将产生一个无穷可行解序列 $\{\boldsymbol{x}^k\}$ ，该序列的任一聚点即为问题 FP 的全局最优解.

证明　1）根据算法，结论显然.

2）当算法在无限步终止时，根据文献[64]，一个算法收敛到问题的全局最优解的充分条件是界运算要求一致及界选取要求改善.

所谓界运算一致是指在每一步，任一未被删除的部分可被进一步划分，且任一无限被划分的部分满足：

$$\lim_{k\to+\infty}(\mathrm{UB}_k-\mathrm{LB}_k)=0, \tag{4-4}$$

其中，UB_k 是第 k 次迭代在某个子矩形上的上界，LB_k 是第 k 次迭代时的最好下界，LB_k 和 UB_k 不必同时出现在同一子矩形上．下面说明式（4-4）成立.

因为算法中采用的矩形对分是穷举的，所以根据文献[65]知，式（4-4）成立，即算法中的界运算是一致的.

界选取改善是指在有限次剖分后，至少有一个上界在其上达到的矩形被选出，作为进一步剖分的矩形．根据算法，在迭代中，作为进一步划分的矩形恰恰是上界在其上达到的矩形，因此界选取是改善的.

综上可知，本节给出的算法满足界运算是一致的，且界选取是改善的，因此根据文献[64]中定理Ⅳ.3 知，该算法是全局收敛的.

4.1.3　数值试验

下面两个数值算例验证了本节方法的可行性.

例 4.1

$$\begin{aligned}
\max\quad & \frac{3x_1+x_2+80}{3x_1+4x_2+5x_3+80}-\frac{x_1+2x_2+4x_3+80}{5x_2+4x_3+80}.\\
\text{s.t.}\quad & 2x_1+x_2+2x_3\leqslant 3,\\
& x_1+3x_2+6x_3\leqslant 6,\\
& x_1,x_2,x_3\geqslant 0.
\end{aligned}$$

取 $\varepsilon=1\times10^{-3}$，计算结果：运行时间为 6.954666s，最优值为 0.0416，最优解为 $\boldsymbol{x}^*=(0.0376,1.8750,0.0000)$.

例 4.2

$$\begin{aligned}
\max\quad & \frac{3x_1+5x_2+3x_3+50}{3x_1+4x_2+5x_3+50}+\frac{3x_1+4x_2+50}{4x_1+3x_2+2x_3+50}+\frac{4x_1+2x_2+4x_3+50}{5x_1+4x_2+3x_3+50}.\\
\text{s.t.}\quad & 6x_1+3x_2+3x_3\leqslant 10,\\
& 10x_1+3x_2+8x_3\leqslant 10,\\
& x_1,x_2,x_3\geqslant 0.
\end{aligned}$$

取 $\varepsilon=1\times10^{-3}$，计算结果：运行时间为 4.43958s，最优值为 3.0029，最优解为 $\boldsymbol{x}^*=(0.0000,3.3333,0.0000)$.

4.2　GFP 的求解方法

4.2.1　预备知识

先给出一个重要定理，此定理在算法中有重要的作用.

定理 4.4　假定对 $\forall\boldsymbol{x}\in\Lambda$，有 $\sum_{j=1}^{n}e_{ij}x_j+f_i\neq0$，则 $\sum_{j=1}^{n}e_{ij}x_j+f_i>0$ 或 $\sum_{j=1}^{n}e_{ij}x_j+f_i<0$.

证明　由中值定理知，结论成立.

对 $\forall\boldsymbol{x}\in\Lambda$，令

$$I_+=\left\{i\left|\sum_{j=1}^{n}e_{ij}x_j+f_i>0,i=1,2,\cdots,p\right.\right\},\quad I_-=\left\{i\left|\sum_{j=1}^{n}e_{ij}x_j+f_i<0,i=1,2,\cdots,p\right.\right\},$$

则有

$$\sum_{i=1}^{p}\frac{\sum_{j=1}^{n}c_{ij}x_j+d_i}{\sum_{j=1}^{n}e_{ij}x_j+f_i}=\sum_{i\in I_+}\frac{\sum_{j=1}^{n}c_{ij}x_j+d_i}{\sum_{j=1}^{n}e_{ij}x_j+f_i}+\sum_{i\in I_-}\frac{-\left(\sum_{j=1}^{n}c_{ij}x_j+d_i\right)}{-\left(\sum_{j=1}^{n}e_{ij}x_j+f_i\right)}. \tag{4-5}$$

显然，在式（4-5）中，分母全为正. 因此，在问题 GFP 中，可以假定 $\sum_{j=1}^{n}e_{ij}x_j+f_i>0$ 总是成立的. 另外，因为

$$\begin{aligned}\min\sum_{i=1}^{p}\frac{\sum_{j=1}^{n}c_{ij}x_j+d_i}{\sum_{j=1}^{n}e_{ij}x_j+f_i}&=\min\sum_{i=1}^{p}\left(\frac{\sum_{j=1}^{n}c_{ij}x_j+d_i}{\sum_{j=1}^{n}e_{ij}x_j+f_i}+M_i\right)\\&=\min\sum_{i=1}^{p}\frac{\sum_{j=1}^{n}c_{ij}x_j+d_i+M_i\left(\sum_{j=1}^{n}e_{ij}x_j+f_i\right)}{\sum_{j=1}^{n}e_{ij}x_j+f_i}.\end{aligned} \tag{4-6}$$

其中，$M_i(i=1,2,\cdots,p)$ 是一个正数，如果 M_i 足够大，可以保证

$$\sum_{j=1}^{n} c_{ij}x_j + d_i + M_i\left(\sum_{j=1}^{n} e_{ij}x_j + f_i\right) > 0 .$$

因此，不失一般性，在问题 GFP 中假定 $\sum_{j=1}^{n} c_{ij}x_j + d_i \geqslant 0$ 及 $\sum_{j=1}^{n} e_{ij}x_j + f_i > 0$.

下面说明如何将问题 GFP 转化为等价问题 EP.

令

$$\overline{l_i} = \min_{x\in\Lambda} \sum_{j=1}^{n} e_{ij}x_j + f_i, \overline{u_i} = \max_{x\in\Lambda} \sum_{j=1}^{n} e_{ij}x_j + f_i, i = 1,2,\cdots,p.$$

定义

$$H^0 = \left\{ \boldsymbol{y} \in \mathbf{R}^p \mid l_i^0 \leqslant y_i \leqslant u_i^0, i = 1,2,\cdots,p \right\},$$

其中 $l_i^0 = \frac{1}{\overline{u_i}}$，$u_i^0 = \frac{1}{\overline{l_i}}$，则问题 GFP 可以转化为如下等价问题 EP($H^0$)：

$$\begin{cases} v(H^0) = \quad \max \quad \phi_0(\boldsymbol{x},\boldsymbol{y}) = \sum_{i=1}^{p} y_i \left(\sum_{j=1}^{n} c_{ij}x_j + d_i\right), \\ \qquad\qquad\quad \text{s.t.} \quad \phi_i(\boldsymbol{x},\boldsymbol{y}) = y_i\left(\sum_{j=1}^{n} e_{ij}x_j + f_i\right) \leqslant 1, i = 1,\cdots,p, \\ \qquad\qquad\qquad\qquad \boldsymbol{x} \in \Lambda,\ \boldsymbol{y} \in H^0. \end{cases}$$

问题 GFP 和问题 EP(H^0) 的等价性由下面的定理给出.

定理 4.5　如果 $(\boldsymbol{x}^*, y_1^*, \cdots, y_p^*)$ 是问题 EP(H^0) 的全局最优解，那么 $\boldsymbol{x}^*$ 是问题 GFP 的全局最优解；反之，如果 $\boldsymbol{x}^*$ 是问题 GFP 的全局最优解，那么 $(\boldsymbol{x}^*, y_1^*, \cdots, y_p^*)$ 是问题 EP(H^0) 的全局最优解，其中 $y_i^* = \sum_{j=1}^{n} e_{ij}x_j^* + f_i, i = 1,2,\cdots,p.$

证明　由问题 GFP 和问题 EP(H^0) 的定义易知结论成立.

由定理 4.5 知，问题 GFP 的求解可以转化为其等价问题 EP(H^0) 的求解.

4.2.2　基本运算

在以上等价问题的基础上，提出一种分支定界算法. 该算法包括的基本运算有可行域的剖分和目标函数最优值上下界的计算. 下面分别介绍这些基本运算.

1. 分支过程

在本算法中，分支过程是在 $\mathbf{R}^p$ 空间进行的，而非 $\mathbf{R}^n$ 空间. 令 $H = \{\boldsymbol{y} \in \mathbf{R}^p \mid l_i \leqslant y_i \leqslant u_i, i = 1,2,\cdots,p\}$ 表示初始矩形 H^0 或它的子集，分支规则如下：

1）令

$$\tau_i = \frac{1}{2}(l_i + u_i), i = 1, 2, \cdots, p .$$

2）令

$$H^1 = \left\{ \boldsymbol{y} \in \mathbf{R}^p \mid l_i \leqslant y_i \leqslant \tau_i, i = 1, 2, \cdots, p \right\},$$
$$H^2 = \left\{ \boldsymbol{y} \in \mathbf{R}^p \mid \tau_i \leqslant y_i \leqslant u_i, i = 1, 2, \cdots, p \right\}.$$

该分支过程是穷举的，即如果 $\{H^k\}$ 表示一个由分支过程形成的矩形嵌套序列（即 $H^{k+1} \subseteq H^k$，对所有 k），则存在唯一点 $\boldsymbol{y} \in \mathbf{R}^p$，使得 $\bigcap_k H^k = \{\boldsymbol{y}\}$.

2. 上界和下界

对于每个矩形 $H = \{\boldsymbol{y} \in \mathbf{R}^p \mid l_i \leqslant y_i \leqslant u_i, i = 1, 2, \cdots, p\} (H \subseteq H^0)$，上界运算过程是为下面的问题 EP($H$)的最优值 $v(H)$提供一个上界 UB(H).

$$\mathrm{EP}(H)\begin{cases} \max \quad \phi_0(\boldsymbol{x}, \boldsymbol{y}) = \sum_{i=1}^{p} y_i \left(\sum_{j=1}^{n} c_{ij} x_j + d_i \right), \\ \text{s.t.} \quad \phi_i(\boldsymbol{x}, \boldsymbol{y}) = y_i \left(\sum_{j=1}^{n} e_{ij} x_j + f_i \right) \leqslant 1, i = 1, 2, \cdots, p, \\ \qquad \boldsymbol{x} \in \Lambda, \ \boldsymbol{y} \in H. \end{cases}$$

我们知道，UB(H)可以通过求解一个线性规划问题得到．为方便起见，令

$$T_i^+ = \{ j \mid c_{ij} > 0, j = 1, 2, \cdots, n \}, i = 1, 2, \cdots, p,$$
$$T_i^- = \{ j \mid c_{ij} < 0, j = 1, 2, \cdots, n \}, i = 1, 2, \cdots, p,$$
$$D^+ = \{ i \mid d_i > 0, i = 1, 2, \cdots, p \},$$
$$D^- = \{ i \mid d_i < 0, i = 1, 2, \cdots, p \},$$
$$E_i^+ = \{ j \mid e_{ij} > 0, j = 1, 2, \cdots, n \}, i = 1, 2, \cdots, p,$$
$$E_i^- = \{ j \mid e_{ij} < 0, j = 1, 2, \cdots, n \}, i = 1, 2, \cdots, p.$$

首先，考虑目标函数 $\phi_0(\boldsymbol{x}, \boldsymbol{y})$，有

$$\phi_0(\boldsymbol{x}, \boldsymbol{y}) = \sum_{i=1}^{p} y_i \left(\sum_{j=1}^{n} c_{ij} x_j + d_i \right) \leqslant \sum_{i=1}^{p} \left(\sum_{j \in T_i^+} c_{ij} x_j u_i + \sum_{j \in T_i^-} c_{ij} x_j l_i \right) + \sum_{i \in D^+} d_i u_i + \sum_{i \in D^-} d_i l_i$$
$$= \phi_0^u(\boldsymbol{x}).$$

然后，考虑约束函数 $\phi_i(\boldsymbol{x}, \boldsymbol{y}), i = 1, 2, \cdots, p$,

$$\phi_i(\boldsymbol{x}, \boldsymbol{y}) = y_i \left(\sum_{j=1}^{n} e_{ij} x_j + f_i \right) \geqslant \sum_{j \in E_i^+} e_{ij} x_j l_i + \sum_{j \in E_i^-} e_{ij} x_j u_i + \beta_i = \phi_i^l(\boldsymbol{x}),$$

其中，

$$\beta_i = \begin{cases} f_i l_i, & \text{如果 } f_i \geqslant 0, \\ f_i u_i, & \text{否则}. \end{cases}$$

在以上讨论的基础上，可构造如下线性规划问题 LRP:

$$\mathrm{LRP}(H): \begin{cases} \max & \phi_0^u(\boldsymbol{x}) \\ \text{s.t.} & \phi_i^l(\boldsymbol{x}) \leqslant 1, i=1,2,\cdots,p, \\ & \boldsymbol{x} \in \Lambda \end{cases}$$

其最优值为问题 EP(H)的最优值 $v(H)$提供一个上界.

注意 1）令 $v[P]$是问题 P 的最优值，则对 $\forall H \subseteq H^0$，问题 LRP(H)和 EP(H)的最优值满足 $v[\mathrm{LRP}(H)] \geqslant v[\mathrm{EP}(H)]$.

2）显然，如果 $\bar{H} \subseteq H \subseteq H^0$，则 $\mathrm{UB}(\bar{H}) \leqslant \mathrm{UB}(H)$.

下界运算过程是为问题 EP(H^0) 的最优值 $v(H^0)$ 确定一个下界. 由上界运算过程可知，通过求解 LRP(H)，可以得到一个最优解 $\tilde{\boldsymbol{x}}^*$. 令 $\tilde{y}_i^* = \dfrac{1}{\sum_{j=1}^{n} e_{ij}\tilde{x}_j^* + f_i}$，显然，$(\tilde{\boldsymbol{x}}^*, \tilde{\boldsymbol{y}}^*)$ 是问题 EP(H^0) 的一个可行解，因此，$\phi_0(\tilde{\boldsymbol{x}}^*, \tilde{\boldsymbol{y}}^*)$ 为问题 EP(H^0) 的最优值 $v(H^0)$ 提供一个下界.

4.2.3 算法及其收敛性

下面给出求解 GFP 的分支定界算法的具体步骤.

步骤 1 选取 $\varepsilon \geqslant 0$. 令

$$H^0 = \{\boldsymbol{y} \in \mathbf{R}^p \mid l_i^0 \leqslant y_i \leqslant u_i^0, i=1,2,\cdots,p\},$$

确定问题 LRP(H^0) 的最优解 $\boldsymbol{x}^0$ 和最优值 UB(H^0). 置 $\mathrm{UB}_0 = \mathrm{UB}(H^0)$, $\boldsymbol{x}^c = \boldsymbol{x}^0$.

若 $\mathrm{UB}_0 - \mathrm{LB}_0 \leqslant \varepsilon$，则停止，此时，$(\boldsymbol{x}^c, \boldsymbol{y}^c)$和 $\boldsymbol{x}^c$ 分别为问题 EP(H^0)和问题 GFP 的 ε-最优解；否则，置 $P_0 = \{H^0\}$，$F = \varnothing$，$k=1$，转步骤 2.

步骤 2 置 $\mathrm{LB}_k = \mathrm{LB}_{k-1} = \mathrm{LB}(H^{k-1})$，将 H^{k-1} 剖分为两个 p-维矩形 $H^{k,1}, H^{k,2} \subseteq \mathbf{R}^p$，置 $F = F \cup \{H^{k-1}\}$.

步骤 3 对于 $t=1,2$，计算 $\mathrm{UB}(H^{k,t})$，如果 $\mathrm{UB}(H^{k,t}) \neq -\infty$，确定问题 LRP($\hat{\mathrm{H}}$) 在 $\hat{H} = H^{k,t}$ 的最优解 $\boldsymbol{x}^{k,t}$. 置 $k=0$.

步骤 4 置 $k=k+1$. 若 $k>2$，转步骤 6，否则继续.

步骤 5 如果 $\mathrm{UB}(H^{k,t}) \leqslant \mathrm{LB}_k$，置 $F = F \cup \{H^{k,t}\}$，并转步骤 4，否则，令

$$y_i^{k,t}=\frac{1}{\sum_{j=1}^{n}e_{ij}x_j^{k,t}+f_i},i\in\{1,2,\cdots,p\}.$$

置

$$\mathrm{LB}_k=\max\left\{\mathrm{LB}_k,\phi_0(\boldsymbol{x}^{k,t},\boldsymbol{y}^{k,t})\right\},$$

如果

$$\mathrm{LB}_k>\phi_0(\boldsymbol{x}^{k,t},\boldsymbol{y}^{k,t}),$$

则转步骤 4. 如果

$$\mathrm{LB}_k=\phi_0(\boldsymbol{x}^{k,t},\boldsymbol{y}^{k,t}),$$

则置

$$\boldsymbol{x}^{\mathrm{c}}=\boldsymbol{x}^{k,t},(\boldsymbol{x}^{\mathrm{c}},\boldsymbol{y}^{\mathrm{c}})=(\boldsymbol{x}^{k,t},\boldsymbol{y}^{k,t}),$$

并置

$$F=F\bigcup\left\{H\in P_{k-1}|\ \mathrm{UB}(H)\leqslant\mathrm{LB}_k\right\}.$$

步骤 6　置 $P_k=\left\{H|\ H\in\left(P_{k-1}\bigcup\{H^{k,1},H^{k,2}\}\right),\ H\notin F\right\}$.

步骤 7　置 $\mathrm{UB}_k=\max\left\{\mathrm{UB}(H)|\ H\in P_k\right\}$, 并令 $H^k\in P_k$ 为满足 $\mathrm{UB}_k=\mathrm{UB}(H^k)$ 的盒子. 如果 $\mathrm{UB}_k-\mathrm{LB}_k\leqslant\varepsilon$，则停止算法，此时 $(\boldsymbol{x}^{\mathrm{c}},\boldsymbol{y}^{\mathrm{c}})$ 和 $\boldsymbol{x}^{\mathrm{c}}$ 分别为问题 $\mathrm{EP}(H^0)$ 和问题 GFP 的 ε-最优解；否则，置 $k=k+1$，转步骤 2.

算法的收敛性由下面定理给出.

定理 4.6　1）如果算法在有限步终止，那么当终止时，$(\boldsymbol{x}^{\mathrm{c}},\boldsymbol{y}^{\mathrm{c}})$ 和 $\boldsymbol{x}^{\mathrm{c}}$ 分别为问题 $\mathrm{EP}(H^0)$ 和问题 GFP 的 ε-最优解.

2）对每个 $k\geqslant 0$，令 $\boldsymbol{x}^k$ 表示算法在第 k 步得到的问题 GFP 最好的可行解 $\boldsymbol{x}^{\mathrm{c}}$. 如果算法在无限步终止，则每一个聚点即是问题 GFP 的最优解，且

$$\lim_{k\to\infty}\mathrm{UB}_k=\lim_{k\to\infty}\mathrm{LB}_k=v.$$

证明　1）如果算法在有限步终止，假设在 $k\geqslant 0$ 步终止. 此时，因为 $(\boldsymbol{x}^{\mathrm{c}},\boldsymbol{y}^{\mathrm{c}})$ 是问题 $\mathrm{EP}(H)$ 在某个矩形 $H\subseteq H^0$ 上的最优解，且

$$y_i^{\mathrm{c}}=\frac{1}{\sum_{j=1}^{n}e_{ij}x_j^{\mathrm{c}}+f_i},i\in\{1,2,\cdots,p\},$$

所以 $\boldsymbol{x}^{\mathrm{c}}$ 是问题 GFP 的可行解，且 $(\boldsymbol{x}^{\mathrm{c}},\boldsymbol{y}^{\mathrm{c}})$ 是问题 $\mathrm{EP}(H^0)$ 的可行解. 当算法终止时，$\mathrm{UB}_k-\mathrm{LB}_k\leqslant\varepsilon$ 成立. 由步骤 1、步骤 2 和步骤 5 知，$\mathrm{UB}_k-\phi_0(\boldsymbol{x}^{\mathrm{c}},\boldsymbol{y}^{\mathrm{c}})\leqslant\varepsilon$. 根据算法，有

$$\mathrm{UB}_k\geqslant v.$$

因为 $(\boldsymbol{x}^{\mathrm{c}},\boldsymbol{y}^{\mathrm{c}})$ 是问题 $\mathrm{EP}(H^0)$ 的可行解，所以

$$\phi_0(\boldsymbol{x}^{\mathrm{c}},\boldsymbol{y}^{\mathrm{c}})\leqslant v.$$

综上可知

$$v\leqslant \mathrm{UB}_k\leqslant \phi_0(\boldsymbol{x}^{\mathrm{c}},\boldsymbol{y}^{\mathrm{c}})+\varepsilon\leqslant v+\varepsilon.$$

因此，

$$v-\varepsilon\leqslant \phi_0(\boldsymbol{x}^{\mathrm{c}},\boldsymbol{y}^{\mathrm{c}})\leqslant v. \tag{4-7}$$

又因为 $y_i^{\mathrm{c}}=\dfrac{1}{\sum\limits_{j=1}^{n}e_{ij}x_j^{\mathrm{c}}+f_i},i=1,2,\cdots,p$ ，所以有

$$g(\boldsymbol{x}^{\mathrm{c}})=\phi_0(\boldsymbol{x}^{\mathrm{c}},\boldsymbol{y}^{\mathrm{c}}).$$

由式（4-7）可知

$$v-\varepsilon\leqslant g(\boldsymbol{x}^{\mathrm{c}})\leqslant v,$$

即证．

2）假定算法在无限步终止，那么算法将为问题 $\mathrm{EP}(H^0)$ 产生一个无穷可行解序列 $\{(\boldsymbol{x}^k,\boldsymbol{y}^k)\}$ ．对于每个 $k\geqslant 1$ ， $(\boldsymbol{x}^k,\boldsymbol{y}^k)$ 是问题 $\mathrm{EP}(H^k)$ 在某个矩形 $H^k\subseteq H^0$ 上的最优解，且 $y_i^k=\dfrac{1}{\sum\limits_{j=1}^{n}e_{ij}x_j^k+f_i},i\in\{1,2,\cdots,p\}$ ．因此，$\{\boldsymbol{x}^k\}$ 构成了 GFP 的一个可行解序列．令 $\bar{\boldsymbol{x}}$ 是 $\{\boldsymbol{x}^k\}$ 的聚点，不失一般性，假定

$$\lim_{k\to\infty}\boldsymbol{x}^k=\bar{\boldsymbol{x}}.$$

因为 Λ 是一个紧集，所以 $\bar{\boldsymbol{x}}\in\Lambda$ ．进一步，因为 $\{\boldsymbol{x}^k\}$ 是无限的，不失一般性，假定对每个 k，有 $H^{k+1}\subseteq H^k$ ．根据文献[64]，因为矩形 $H^k(k\geqslant 1)$ ，是由矩形对分得到的，所以存在 $\bar{\boldsymbol{y}}\in\mathbf{R}^p$ ，使得

$$\lim_{k\to\infty}H^k=\bigcap_k H^k=\{\bar{\boldsymbol{y}}\}. \tag{4-8}$$

令 $\bar{H}=\{\bar{\boldsymbol{y}}\}$ 且对每个 k，令

$$H^k=\{\boldsymbol{y}\in\mathbf{R}^p|\ l_i^k\leqslant y_i\leqslant u_i^k,i=1,2,\cdots,p\}.$$

因为 $H^{k+1}\subset H^k\subset H^0$ ，所以根据注意 2）和步骤 5 知，$\{\mathrm{UB}(H^k)\}$ 是一个以 v 为下界的非增序列．因此，$\lim\limits_{k\to\infty}\mathrm{UB}(H^k)$ 是一个有限数且满足

$$\lim_{k\to\infty}\mathrm{UB}(H^k)\geqslant v. \tag{4-9}$$

对每个 k，由步骤 3 知，$\mathrm{UB}(H^k)$ 等于问题 $\mathrm{LRP}(H^k)$ 的最优值且 $\boldsymbol{x}^k$ 是此问题的最优解．由式（4-8），可得

$$\lim_{k\to\infty}\boldsymbol{l}^k=\lim_{k\to\infty}\boldsymbol{u}^k=\{\bar{\boldsymbol{y}}\}=\bar{H}.$$

由 $\lim\limits_{k\to\infty}\boldsymbol{x}^k=\bar{\boldsymbol{x}}, l_i^k\leqslant\dfrac{1}{\sum\limits_{j=1}^{n}e_{ij}x_j^k+f_i}\leqslant u_i^k$，及 $\sum\limits_{j=1}^{n}e_{ij}x_j+f_i$ 的连续性，有

$$\frac{1}{\sum\limits_{j=1}^{n}e_{ij}\bar{x}_j+f_i}=\bar{y}_i, i=1,2,\cdots,p.$$

即 $(\bar{\boldsymbol{x}},\bar{\boldsymbol{y}})$ 是问题 $\mathrm{EP}(H^0)$ 的可行解，因此

$$\phi_0(\bar{\boldsymbol{x}},\bar{\boldsymbol{y}})\leqslant v.$$

结合式（4-9），有

$$\phi_0(\bar{\boldsymbol{x}},\bar{\boldsymbol{y}})\leqslant v\leqslant\lim_{k\to\infty}\mathrm{UB}(H^k). \tag{4-10}$$

因为

$$\begin{aligned}\lim_{k\to\infty}\mathrm{UB}(H^k)&=\sum_{i=1}^{p}\left(\sum_{j\in T_i^+}c_{ij}x_ju_i^k+\sum_{j\in T_i^-}c_{ij}x_jl_i^k\right)+\sum_{i\in D^+}d_iu_i^k+\sum_{i\in D^-}d_il_i^k\\&=\sum_{i=1}^{p}c_i\bar{y}_i\left(\sum_{j=1}^{n}e_{ij}\bar{x}_j+f_i\right)=\phi_0(\bar{\boldsymbol{x}},\bar{\boldsymbol{y}}),\end{aligned} \tag{4-11}$$

所以由式（4-10）和式（4-11），可知

$$\lim_{k\to\infty}\mathrm{UB}(H^k)=v=\phi_0(\bar{\boldsymbol{x}},\bar{\boldsymbol{y}}),$$

因此，$(\bar{\boldsymbol{x}},\bar{\boldsymbol{y}})$ 是问题 $\mathrm{EP}(H^0)$ 的最优解．由定理 4.5 可知，$\bar{\boldsymbol{x}}$ 是问题 GFP 的最优解．

对每个 k，因为 $\boldsymbol{x}^k$ 是问题 GFP 在 k 得到的最好可行解，所以对所有 $k\geqslant1$，

$$\mathrm{LB}_k=g(\boldsymbol{x}^k).$$

再由 g 函数的连续性，知

$$\lim_{k\to\infty}g(\boldsymbol{x}^k)=g(\bar{\boldsymbol{x}}).$$

因为 $\bar{\boldsymbol{x}}$ 是问题 GFP 的全局最优解，所以

$$g(\bar{\boldsymbol{x}})=v.$$

因此，$\lim\limits_{k\to\infty}\mathrm{LB}_k=v$. 即证.

4.2.4　数值试验

为验证算法的有效性，我们进行了一些数值试验，收敛误差 $\varepsilon=1\times10^{-4}$．测试结果如表 4.1 和表 4.2 所示，运行时间单位为 s．

例 4.3

$$
\begin{aligned}
\min\quad & \frac{4x_1+3x_2+3x_3+50}{3x_2+3x_3+50}+\frac{3x_1+4x_3+50}{4x_1+4x_2+5x_3+50} \\
& +\frac{x_1+2x_2+4x_3+50}{x_1+5x_2+5x_3+50}+\frac{x_1+2x_2+4x_3+50}{5x_2+4x_3+50}. \\
\text{s.t.}\quad & 2x_1+x_2+5x_3\leqslant 10, \\
& x_1+6x_2+2x_3\leqslant 10, \\
& 9x_1+7x_2+3x_3\geqslant 10, \\
& x_1,x_2,x_3\geqslant 0.
\end{aligned}
$$

例 4.4

$$
\begin{aligned}
\min\quad & \frac{3x_1+5x_2+3x_3+50}{3x_1+4x_2+5x_3+50}+\frac{3x_1+4x_2+50}{4x_1+3x_2+2x_3+50}+\frac{4x_1+2x_2+4x_3+50}{5x_1+4x_2+3x_3+50}. \\
\text{s.t.}\quad & 2x_1+x_2+5x_3\leqslant 10, \\
& x_1+6x_2+2x_3\leqslant 10, \\
& 9x_1+7x_2+3x_3\geqslant 10, \\
& x_1,x_2,x_3\geqslant 0.
\end{aligned}
$$

例 4.5

$$
\begin{aligned}
\min\quad & \frac{37x_1+73x_2+13}{13x_1+13x_2+13}+\frac{63x_1-18x_2+39}{13x_1+26x_2+13}. \\
\text{s.t.}\quad & 5x_1-3x_2=3, \\
& 1.5\leqslant x_1\leqslant 3.
\end{aligned}
$$

表 4.1　例 4.3～例 4.5 的计算结果

例	迭代次数	最大节点数	时间/s
4.3	58	28	2.968694
4.4	80	64	8.566259
4.5	32	32	1.089285

表 4.2　例 4.3～例 4.5 的最优解及最优值

例	最优解			最优值 v
	x_1	x_2	x_3	
4.3	0	0.625	1.875	4.0000
4.4	0	3.3333	0	3.0029
4.5	3	4		5

由表 4.1 和表 4.2 可知，本节中的算法是可行的．测试结果表明，利用新算法可以找到 GFP 的全局最优解．

第 5 章　非线性比式和规划问题的全局最优化

本章考虑非线性比式和问题 P，数学模型如下：

$$\min \quad f(\boldsymbol{x})=\sum_{i=1}^{p}\frac{\boldsymbol{c}_i^{\mathrm{T}}\boldsymbol{x}+\alpha_i}{n_i(\boldsymbol{x})}.$$
$$\text{s.t.} \quad \boldsymbol{A}\boldsymbol{x}\leqslant \boldsymbol{b},$$
$$\boldsymbol{x}\geqslant \boldsymbol{0}.$$

其中，$p\geqslant 2$，$\boldsymbol{c}_i\in\mathbf{R}^n$，$\alpha_i\in\mathbf{R},i=1,2,\cdots,p$，$\boldsymbol{A}\in\mathbf{R}^{m\times n}$，$\boldsymbol{b}\in\mathbf{R}^m$．假设可行域 $D=\{\boldsymbol{x}\mid \boldsymbol{A}\boldsymbol{x}\leqslant\boldsymbol{b},\ \boldsymbol{x}\geqslant\boldsymbol{0}\}$ 是非空有界的，$n_i(\boldsymbol{x})$ 为凹函数，且对所有 $\boldsymbol{x}\in D$，有 $n_i(\boldsymbol{x})>0$．

比式和问题在经济与金融、交通等诸多领域有广泛的应用．自 1990 年以来，此类问题受到了众多学者的关注．在问题 P 中，当 $\boldsymbol{c}_i^{\mathrm{T}}\boldsymbol{x}+\alpha_i\geqslant 0$，且 $n_i(\boldsymbol{x})$ 为大于 0 的仿射函数时，文献[60]、[65]～[67]给出了几个有效的方法；当 $n_i(\boldsymbol{x})$ 为不等于 0 的仿射函数时，文献[62]、[63]、[68]、[69]提出了几个分支定界算法．

本章考虑分母为大于 0 分子没有正负限制的凹函数的情况．显然此类问题较之以上所考虑问题有所推广，当然求解起来也更困难．针对此类问题，本章提出一个新的基于单纯形对分的全局最优化方法，并从理论上分析了算法的收敛性，最后通过数值算例验证了算法的可行性及有效性．

5.1　预 备 知 识

首先通过一个简单变形，问题 P 可以改写为如下等价问题：

$$\min \quad \sum_{i=1}^{p}\frac{y_i}{-n_i(\boldsymbol{x})}.$$
$$\text{s.t.} \quad y_i+\boldsymbol{c}_i^{\mathrm{T}}\boldsymbol{x}=-\alpha_i,i=1,2,\cdots,p,$$
$$\boldsymbol{A}\boldsymbol{x}\leqslant\boldsymbol{b},$$
$$\boldsymbol{x}\geqslant\boldsymbol{0}.$$

通过后面可以看到，这个问题在寻找问题 P 最优值的上下界的过程中有重要的作用．

为求解问题 P，本章给出一个新的单纯形分支定界算法．在算法中，单纯形对分及上下界估计是两个基本环节．

5.1.1　初始单纯形及单纯形对分

本章采用文献[25]中的方法构造包含 D 的初始单纯形 S^0 . 具体过程如下：首先计算

$$\gamma=\max\left\{\sum_{r=1}^{n}x_r \mid \boldsymbol{x}\in D\right\},\ \ \gamma_r=\min\{x_r \mid \boldsymbol{x}\in D\},r=1,2,\cdots,n.$$

然后定义 S^0 为如下集合：

$$S^0=\left\{\boldsymbol{x}\in\mathbf{R}^n \mid x_r\geqslant\gamma_r,r=1,2,\cdots,n,\ \sum_{r=1}^{n}x_r\leqslant\gamma\right\},$$

则 S^0 为包含的 D 单纯形，且其顶点为 $\{\boldsymbol{V}^1,\boldsymbol{V}^2,\cdots,\boldsymbol{V}^{n+1}\}$ ，其中，

$$\boldsymbol{V}^1=(\gamma_1,\gamma_2,\cdots,\gamma_n),$$

$$\boldsymbol{V}^{j+1}=(\gamma_1,\gamma_2,\cdots,\gamma_{j-1},\tau_j,\gamma_{j+1},\cdots,\gamma_n),$$

$$\tau_j=\gamma-\sum_{r\neq j}\gamma_r,j=1,2,\cdots,n.$$

单纯形对分过程如下：令 $S=\{\boldsymbol{V}^1,\boldsymbol{V}^2,\cdots,\boldsymbol{V}^{n+1}\}$ 表示将被剖分的 S^0 的子单纯形，c 为 S 的任意最长边 $[\boldsymbol{V}^s,\boldsymbol{V}^{\tilde{s}}]$ 的中点，即

$$\|\boldsymbol{V}^s-\boldsymbol{V}^{\tilde{s}}\|=\max_{\tilde{j},j=1,\cdots,n+1}\left\{\|\boldsymbol{V}^{\tilde{j}}-\boldsymbol{V}^j\|\right\},$$

其中，$\|\cdot\|$ 为 $\mathbf{R}^n$ 中任一范数，则 $\{S^1,S^2\}$ 称为 S 的单纯形对分，其中 S^1,S^2 的顶点分别为

$$\{\boldsymbol{V}^1,\boldsymbol{V}^2,\cdots,\boldsymbol{V}^{s-1},c,\boldsymbol{V}^{s+1},\cdots,\boldsymbol{V}^{n+1}\},\ \{\boldsymbol{V}^1,\boldsymbol{V}^2,\cdots,\boldsymbol{V}^{\tilde{s}-1},c,\boldsymbol{V}^{\tilde{s}+1},\cdots,\boldsymbol{V}^{n+1}\}.$$

根据文献[25]知，单纯形对分的过程是穷举的，即如果 $\{S^{\tilde{r}}\}$ 表示由上述分支过程所形成的一个嵌套序列（即对于所有 $\tilde{r}$ ， $S^{\tilde{r}+1}\subseteq S^{\tilde{r}}$ ），则存在 $\boldsymbol{x}\in\mathbf{R}^n$ ，使得 $\bigcap_{\tilde{r}}S^{\tilde{r}}=\{\boldsymbol{x}\}$.

5.1.2　下界

在本节，我们将介绍如何计算 $f(\boldsymbol{x})$ 在 $S\cap D$ 上的下界 $\mathrm{LB}(S)$，其中 $S=\{\boldsymbol{V}^1,\boldsymbol{V}^2,\cdots,\boldsymbol{V}^{n+1}\}$ 表示初始单纯形 S^0 或者它的子单纯形. 这一过程是本章算法的实质性内容，其过程依赖于下面的定理.

定理 5.1　令 $\boldsymbol{U}$ 表示以顶点 $\boldsymbol{V}^1,\cdots,\boldsymbol{V}^{n+1}$ 为列构成的矩阵，$\boldsymbol{e}=(1,1,\cdots,1)\in\mathbf{R}^{n+1}$ 且对每个 $j\in\{1,\cdots,n+1\}$ ， θ_j 为下面线性规划问题的最优值：

$$
\mathrm{LP}_j\begin{cases}\min & \displaystyle\sum_{i=1}^{p}\frac{y_i}{-n_i(\boldsymbol{V}^j)},\\ \text{s.t.} & \boldsymbol{AU\lambda}\leqslant \boldsymbol{b},\\ & \boldsymbol{U\lambda}\geqslant \boldsymbol{0},\\ & y_i+\boldsymbol{c}_i^{\mathrm{T}}\boldsymbol{U\lambda}=-\alpha_i, i=1,2,\cdots,p,\\ & \boldsymbol{e\lambda}=1,\\ & \boldsymbol{\lambda}\geqslant \boldsymbol{0}.\end{cases}
$$

则 $f(\boldsymbol{x})$ 在 $S\cap D$ 上的下界 LB(S)可通过下面的线性规划求解确定:

$$
\mathrm{LP}\begin{cases}\mathrm{LB}(S)= & \min & \displaystyle\sum_{j=1}^{n+1}\theta_j\lambda_j,\\ & \text{s.t.} & \boldsymbol{AU\lambda}\leqslant \boldsymbol{b},\\ & & \boldsymbol{U\lambda}\geqslant \boldsymbol{0},\\ & & \boldsymbol{e\lambda}=1,\\ & & \boldsymbol{\lambda}\geqslant \boldsymbol{0}.\end{cases}
$$

如果问题 LP 的可行域为空集，则令 $\mathrm{LB}(S)=+\infty$.

证明　定义函数 $g:\mathbf{R}^n\to\mathbf{R}$ 为

$$
g(\boldsymbol{x})\ =\min_{\xi,y}\left\{\sum_{i=1}^{p}\frac{y_i}{-n_i(\boldsymbol{x})}\mid y_i+\boldsymbol{c}_i^{\mathrm{T}}\boldsymbol{\xi}=-\alpha_i, i=1,\cdots,p,\boldsymbol{\xi}\in S\cap D\right\}, \tag{5-1}
$$

则当 $S\cap D\neq\varnothing$ 时， $g(\boldsymbol{x})$ 是一关于 $\boldsymbol{x}$ 的凹函数，从而可构造 $g(\boldsymbol{x})$ 在 S 上的凸包络 $\delta(\boldsymbol{x})$ ，即

$$
\delta(\boldsymbol{x})=\sum_{j=1}^{n+1}g(\boldsymbol{V}^j)\lambda_j,
$$

其中， $\boldsymbol{\lambda}=(\lambda_1,\cdots,\lambda_{n+1})$ 满足 $\boldsymbol{U\lambda}=\boldsymbol{x}$， $\boldsymbol{e\lambda}=1$， $\boldsymbol{\lambda}\geqslant\boldsymbol{0}$.

根据凸包络的定义，对所有 $\boldsymbol{x}\in S$ ， $\delta(\boldsymbol{x})\leqslant g(\boldsymbol{x})$ ，因此有

$$
\begin{aligned}
&\min\left\{\sum_{i=1}^{p}\frac{\boldsymbol{c}_i^{\mathrm{T}}\boldsymbol{x}+\alpha_i}{n_i(\boldsymbol{x})}\mid \boldsymbol{x}\in S\cap D\right\}\\
&=\min\left\{\sum_{i=1}^{p}\frac{y_i}{-n_i(\boldsymbol{x})}\mid y_i+\boldsymbol{c}_i^{\mathrm{T}}\boldsymbol{x}=-\alpha_i, i=1,2,\cdots,p,\boldsymbol{x}\in S\cap D\right\}\\
&\geqslant\min_{\boldsymbol{x}\in S\cap D}\left\{\min_{\xi,y}\left\{\sum_{i=1}^{p}\frac{y_i}{-n_i(\boldsymbol{x})}\mid y_i+\boldsymbol{c}_i^{\mathrm{T}}\boldsymbol{\xi}=-\alpha_i, i=1,2,\cdots,p,\boldsymbol{\xi}\in S\cap D\right\}\right\}\\
&=\min_{\boldsymbol{x}\in S\cap D}g(\boldsymbol{x})\geqslant\min_{\boldsymbol{x}\in S\cap D}\delta(\boldsymbol{x}).
\end{aligned}\tag{5-2}
$$

另外，我们有下列关系成立:

$$
\boldsymbol{x}\in S\cap D\Leftrightarrow\boldsymbol{\lambda}\in\left\{\boldsymbol{\lambda}\mid \boldsymbol{AU\lambda}\leqslant\boldsymbol{b},\ \boldsymbol{U\lambda}\geqslant\boldsymbol{0},\ \boldsymbol{e\lambda}=1,\ \boldsymbol{\lambda}\geqslant\boldsymbol{0}\right\},
$$

$$y_i + \boldsymbol{c}_i^{\mathrm{T}}\boldsymbol{\xi} = -\alpha_i \Leftrightarrow y_i + \boldsymbol{c}_i^{\mathrm{T}}\boldsymbol{U\lambda} = -\alpha_i, i = 1,2,\cdots,p.$$

结合式（5-2），可计算 $f(\boldsymbol{x})$ 在 $S \cap D$ 上的下界 $\mathrm{LB}(S)$：

$$\mathrm{LB}(S) = \min_{\boldsymbol{x}\in S\cap D} \delta(\boldsymbol{x}) = \min\left\{\sum_{j=1}^{n+1} g(\boldsymbol{V}^j)\lambda_j \mid \boldsymbol{AU\lambda} \leqslant \boldsymbol{b},\ \boldsymbol{U\lambda} \geqslant \boldsymbol{0},\ \boldsymbol{e\lambda} = 1,\ \boldsymbol{\lambda} \geqslant \boldsymbol{0}\right\},$$

其中，对于每个 $j \in \{1,2,\cdots,n+1\}$，

$$g(\boldsymbol{V}^j) = \min\left\{\sum_{i=1}^{p} \frac{y_i}{-n_i(\boldsymbol{V}^j)} \mid \boldsymbol{AU\lambda} \leqslant \boldsymbol{b},\ y_i + \boldsymbol{c}_i^{\mathrm{T}}\boldsymbol{U\lambda} = -\alpha_i, i = 1,2,\cdots,p,\right.$$
$$\left.\boldsymbol{U\lambda} \geqslant \boldsymbol{0},\ \boldsymbol{e\lambda} = 1,\ \boldsymbol{\lambda} \geqslant \boldsymbol{0}\right\} = \theta_j.$$

下面定理说明了由算法确定的下界序列 $\{\mathrm{LB}_k\}$ 是单调增加的.

定理 5.2　令 $S,\bar{S}$ 是两个 n 维单纯形，且 $\bar{S} \subseteq S$，则 $\mathrm{LB}(S) \leqslant \mathrm{LB}(\bar{S})$.

证明　记 $S = \{\boldsymbol{V}^1,\boldsymbol{V}^2,\cdots,\boldsymbol{V}^{n+1}\}$，$\bar{S} = \{\bar{\boldsymbol{V}}^1,\bar{\boldsymbol{V}}^2,\cdots,\bar{\boldsymbol{V}}^{n+1}\}$.

1）若 $\bar{S} \cap D = \varnothing$，则 $\mathrm{LB}(\bar{S}) = +\infty$，结论显然成立.

2）若 $\bar{S} \cap D \neq \varnothing$. 令 $g(\boldsymbol{x}),\bar{g}(\boldsymbol{x})$ 分别为由式（5-1）确定的在 $S,\bar{S}$ 上的凹函数，$\delta(\boldsymbol{x}),\bar{\delta}(\boldsymbol{x})$ 分别为 $g(\boldsymbol{x}),\bar{g}(\boldsymbol{x})$ 的凸包络. 因为 $\bar{S} \subseteq S$，所以对于所有 $\boldsymbol{x} \in \bar{S}$，有 $\bar{g}(\boldsymbol{x}) \geqslant g(\boldsymbol{x})$，进而有 $\bar{\delta}(\boldsymbol{x}) \geqslant \delta(\boldsymbol{x})$.

综上可知

$$\mathrm{LB}(\bar{S}) = \min\{\bar{\delta}(\boldsymbol{x}) \mid \boldsymbol{x} \in \bar{S} \cap D\} \geqslant \min\{\delta(\boldsymbol{x}) \mid \boldsymbol{x} \in \bar{S} \cap D\}$$
$$\geqslant \min\{\delta(\boldsymbol{x}) \mid \boldsymbol{x} \in S \cap D\} = \mathrm{LB}(S).$$

5.1.3　上界

对于每个由算法产生的 n 维单纯形 S，若 $\mathrm{LB}(S)$ 有限，则算法将产生问题 P 的一些可行解. 随着算法的进行，会得到越来越多的可行解，这些可行解可用于上界的更新. 具体过程如下：假设 UB 为当前最好的上界，令 $(\boldsymbol{\lambda}^j, \boldsymbol{y}^j)$ 为线性规划 $\mathrm{LP}_j (j = 1,2,\cdots,n+1)$ 在单纯形 S 上的最优解，则 $\boldsymbol{x}^j = \boldsymbol{U\lambda}^j (j = 1,2,\cdots,n+1)$ 为问题 P 的可行解. 此外，令 λ^* 为线性规划问题 LP 在单纯形 S 上的最优解，则 $\boldsymbol{x}^* = \boldsymbol{U\lambda}^*$ 是问题 P 的可行解. 由此可知，在计算下界 $\mathrm{LB}(S)$ 的同时，我们可以得到一个可行点集 $F(S) = \{\boldsymbol{x}^1,\boldsymbol{x}^2,\cdots,\boldsymbol{x}^{n+1},\boldsymbol{x}^*\}$，从而可用下式更新上界：

$$\mathrm{UB} = \min\left\{f(\boldsymbol{x}^1),\cdots,f(\boldsymbol{x}^{n+1}),f(\boldsymbol{x}^*),\mathrm{UB}\right\}.$$

5.2　算法及其收敛性

在前文的基础上，下面给出分支定界算法过程的具体描述.

步骤 1　选取 $\varepsilon \geqslant 0$. 构造包含问题 P 的可行域 D 的 n 维单纯形 $S^0 \subseteq \mathbf{R}^n$，计算 $f(\boldsymbol{x})$ 在 $S^0 \cap D$ 上的下界 $\mathrm{LB}(S^0)$，确定有限可行集 $F(S^0) \subseteq S^0 \cap D$. 置 $F = F(S^0)$，$\mathrm{LB}_0 = \mathrm{LB}(S^0)$，$\mathrm{UB}_0 = \min\{f(\boldsymbol{x}) \mid \boldsymbol{x} \in F\}$，选取点 $\boldsymbol{x}^0 \in F$ 使得 $f(\boldsymbol{x}^0) = \mathrm{UB}_0$. 若 $\mathrm{UB}_0 - \mathrm{LB}_0 \leqslant \varepsilon$，则算法停止，此时 x^0 是问题 P 的 ε-最优解，且 UB_0 是 ε-最优值；否则，置 $P_0 = \{S^0\}$，$k = 1$，并转步骤 2.

步骤 2　使用单纯形对分规则将 S^{k-1} 剖分为两个子单纯形 $S^{k,1}, S^{k,2}$.

步骤 3　对于 $t = 1,2$，计算 $f(\boldsymbol{x})$ 在 $S^{k,t} \cap D$ 的下界 $\mathrm{LB}(S^{k,t})$，并确定有限集 $F(S^{k,t}) \subseteq S^{k,t} \cap D$.

步骤 4　置 $F = F \cup \left\{F(S^{k,t}) \mid t = 1,2\right\}$，$\mathrm{UB}_k = \min\left\{f(\boldsymbol{x}) \mid \boldsymbol{x} \in F\right\}$，选取 $\boldsymbol{x}^k \in F$ 使得 $f(\boldsymbol{x}^k) = \mathrm{UB}_k$.

步骤 5　置 $P_k = P_{k-1} \backslash \{S^{k-1}\} \cup \{S^{k,t} \mid i = 1,2,\ \mathrm{LB}(S^{k,t}) < \mathrm{UB}_k\}$.

步骤 6　置 $\mathrm{LB}_k = \min\{\mathrm{LB}(S) \mid S \in P_k\}$，并令 $S^k \in P_k$ 为满足 $\mathrm{LB}_k = \mathrm{LB}(S^k)$ 的单纯形. 若 $\mathrm{UB}_k - \mathrm{LB}_k \leqslant \varepsilon$，则停止算法，此时 $\boldsymbol{x}^k$ 是问题 P 的 ε-最优解，且 UB_k 是 ε-最优值；否则，置 $k = k+1$，转步骤 2.

下面定理给出算法的收敛性.

定理 5.3　1）若算法在有限步终止，则算法终止时可求得问题 P 的一个 ε-全局最优解.

2）若算法在无限步终止，假定 $\{S^q\}$ 为由算法产生的一个无限递减序列，且满足 $\bigcap_{q=1}^{\infty} S^q = \{\bar{\boldsymbol{x}}\}$，其中 $\bar{\boldsymbol{x}} \in D$，则可行解序列 $\{\boldsymbol{x}^q\}$ 的任一聚点即是问题 P 的全局最优解.

证明　1）当算法在有限步终止时，结论显然.

2）当算法在无限步终止时，对于每个 q，令 $\boldsymbol{x}^{qj}(j = 1,2,\cdots,n+1)$ 和 $\boldsymbol{x}^{*q}$ 分别为求解问题 $(\mathrm{LP})_j(j = 1,2,\cdots,n+1)$ 和问题 LP 在单纯形 S^q 上最优值时所得到的可行解. 因为随着 $q \to \infty$，S^q 收敛到 $\bar{\boldsymbol{x}}$，所以随着 $q \to \infty$，有 $\boldsymbol{x}^{qj} \to \bar{\boldsymbol{x}}(j = 1,2,\cdots,n+1)$ 及 $\boldsymbol{x}^{*q} \to \bar{\boldsymbol{x}}$.

令 $\boldsymbol{V}^{qj}(j = 1,2,\cdots,n+1)$ 表示 S^q 的顶点，由以上讨论可知，$\boldsymbol{V}^{qj} \to \boldsymbol{V}^{*j} = \bar{\boldsymbol{x}}$

$(j=1,2,\cdots,n+1)$，从而，有

$$\lim_{q\to\infty} g(\boldsymbol{V}^{qj}) = g(\boldsymbol{V}^{*j}) = f(\bar{\boldsymbol{x}})(j=1,2,\cdots,n+1).$$

因此，

$$\lim_{q\to\infty}\mathrm{LB}_q = \lim_{q\to\infty}\mathrm{LB}(S^q) = \sum_{i=1}^{p} g(\boldsymbol{V}^{*j})\lambda_j = f(\bar{\boldsymbol{x}})\sum_{j=1}^{n+1}\lambda_j = f(\bar{\boldsymbol{x}}),$$

进而，有

$$\lim_{q\to\infty}(\mathrm{UB}_q - \mathrm{LB}_q) = \lim_{q\to\infty}\mathrm{UB}_q - f(\bar{\boldsymbol{x}}) = \lim_{q\to\infty} f(\boldsymbol{x}^q) - f(\bar{\boldsymbol{x}}) = 0.$$

根据文献[64]知定理 5.3 的结论成立.

5.3 数 值 试 验

为验证算法的可行性及有效性，我们进行了一些数值试验. 程序采用 MATLAB 7.1 软件进行编写，并在 Pentium Ⅳ（3.06 GHz）个人计算机上运行. 算法中的线性规划问题使用单纯形方法求解，收敛性误差 $\varepsilon = 1.0\times10^{-3}$.

例 5.1[62]

$$\begin{aligned}\min\quad & \frac{x_1+3x_2+2}{4x_1+x_2+3}+\frac{4x_1+3x_2+1}{x_1+x_2+4}.\\ \text{s.t.}\quad & -x_1-x_2\leqslant -1,\\ & x_1\geqslant 0, x_2\geqslant 0.\end{aligned}$$

例 5.2[70]

$$\begin{aligned}\min\quad & \frac{-x_1+2x_2+2}{3x_1-4x_2+5}+\frac{4x_1-3x_2+4}{-2x_1+x_2+3}.\\ \text{s.t.}\quad & x_1+x_2\leqslant 1.5,\\ & x_1-x_2\leqslant 0,\\ & 0\leqslant x_1\leqslant 1, 0\leqslant x_2\leqslant 1.\end{aligned}$$

例 5.3[62,67]

$$\begin{aligned}\min\quad & \frac{-3x_1-5x_2-3x_3-50}{3x_1+4x_2+5x_3+50}+\frac{-3x_1-4x_3-50}{4x_1+3x_2+2x_3+50}+\\ & \frac{-4x_1-2x_2-4x_3-50}{5x_1+4x_2+3x_3+50}.\\ \text{s.t.}\quad & 6x_1+3x_2+3x_3\leqslant 10,\\ & 10x_1+3x_2+8x_3\leqslant 10,\\ & x_1\geqslant 0, x_2\geqslant 0, x_3\geqslant 0.\end{aligned}$$

例 5.4[71]

$$
\begin{aligned}
\min \quad & \sum_{i=1}^{5} \frac{\boldsymbol{c}_i^{\mathrm{T}} \boldsymbol{x} + d_i}{\boldsymbol{e}_i^{\mathrm{T}} \boldsymbol{x} + f_i}. \\
\text{s.t.} \quad & \boldsymbol{A}\boldsymbol{x} \leqslant \boldsymbol{b}, \\
& \boldsymbol{x} \geqslant \boldsymbol{0}.
\end{aligned}
$$

其中，

$$
\begin{aligned}
&\boldsymbol{c}_1 = (0,0.1,0.3,-0.3,-0.5,-0.5,0.8,-0.4,0.4,-0.2,-0.2,0.1)^{\mathrm{T}}, && d_1 = -14.6, \\
&\boldsymbol{e}_1 = (-0.3,-0.1,-0.1,-0.1,0.1,0.4,0.2,-0.2,0.4,0.2,-0.4,0.3)^{\mathrm{T}}, && f_1 = 14.2; \\
&\boldsymbol{c}_2 = (-0.2,-0.5,0,-0.4,-0.1,0.6,0.1,0.2,0.2,-0.1,-0.2,-0.3)^{\mathrm{T}}, && d_2 = -7.1, \\
&\boldsymbol{e}_2 = (0,0.1,-0.1,0.3,0.3,-0.2,0.3,0,-0.4,0.5,-0.3,0.1)^{\mathrm{T}}, && f_2 = 1.7; \\
&\boldsymbol{c}_3 = (0.1,-0.3,0,-0.1,0.1,0,-0.3,0.2,0,-0.3,-0.5,-0.3)^{\mathrm{T}}, && d_3 = -1.7, \\
&\boldsymbol{e}_3 = (0.8,-0.4,0.7,-0.4,-0.4,0.5,-0.2,-0.8,0.5,0.6,-0.2,0.6)^{\mathrm{T}}, && f_3 = 8.1; \\
&\boldsymbol{c}_4 = (0.1,-0.5,-0.1,-0.1,0.2,0.5,-0.6,-0.7,-0.5,-0.7,0.1,-0.1)^{\mathrm{T}}, && d_4 = -4, \\
&\boldsymbol{e}_4 = (0,0.6,-0.3,0.3,0,0.2,0.3,-0.6,-0.2,-0.5,0.8,-0.5)^{\mathrm{T}}, && f_4 = 26.9; \\
&\boldsymbol{c}_5 = (-0.7,0.5,-0.1,-0.2,0.1,0.3,0,0.1,0.2,-0.6,-0.5,0.2)^{\mathrm{T}}, && d_5 = -6.8, \\
&\boldsymbol{e}_5 = (0.4,0.2,-0.2,0.9,0.5,-0.1,0.3,-0.8,-0.2,0.6,-0.2,-0.4)^{\mathrm{T}}, && f_5 = 3.7.
\end{aligned}
$$

$$
\boldsymbol{A} = \begin{Bmatrix}
-1.8 & -2.2 & 0.8 & 4.1 & 3.8 & -2.3 & -0.8 & 2.5 & -1.6 & 0.2 & -4.5 & -1.8 \\
4.6 & -2.0 & 1.4 & 3.2 & -4.2 & -3.3 & 1.9 & 0.7 & 0.8 & -4.4 & 4.4 & 2.0 \\
3.7 & -2.8 & -3.2 & -2.0 & -3.7 & 3.3 & 3.5 & -0.7 & 1.5 & -3.1 & 4.5 & -1.1 \\
-0.6 & -0.6 & -2.5 & 4.1 & 0.6 & 3.3 & 2.8 & -0.1 & 4.1 & -3.2 & -1.2 & -4.3 \\
1.8 & -1.6 & -4.5 & -1.3 & 4.6 & 3.3 & 4.2 & -1.2 & 1.9 & 2.4 & 3.4 & -2.9 \\
-0.5 & -4.1 & 1.7 & 3.9 & -0.1 & -3.9 & -1.5 & 1.6 & 2.3 & -2.3 & -3.2 & 3.9 \\
0.3 & 1.7 & 1.3 & 4.7 & 0.9 & 3.9 & -0.5 & -1.2 & 3.8 & 0.6 & -0.2 & -1.5 \\
0.5 & -4.2 & 3.6 & -0.6 & -4.8 & 1.5 & -0.3 & 0.6 & -3.6 & 0.2 & 3.8 & -2.8 \\
-0.1 & 3.3 & -4.3 & 2.4 & 4.1 & 1.7 & 1.0 & -3.3 & 4.4 & -3.7 & -1.1 & -1.4 \\
-0.6 & 2.2 & 2.5 & 1.3 & -4.3 & -2.9 & -4.1 & 2.7 & -0.8 & -2.9 & 3.5 & 1.2 \\
4.3 & 1.9 & -4.0 & -2.6 & 1.8 & 2.5 & 0.6 & 1.3 & -4.3 & -2.3 & 4.1 & -1.1 \\
0.0 & 0.4 & -4.5 & -4.4 & 1.2 & -3.8 & -1.9 & 1.2 & 3.0 & -1.1 & -0.2 & 2.5 \\
-0.1 & -1.7 & 2.9 & 1.5 & 4.7 & -0.3 & 4.2 & -4.4 & -3.9 & 4.4 & 4.7 & -1.0 \\
-3.8 & 1.4 & -4.7 & 1.9 & 3.8 & 3.5 & 1.5 & 2.3 & -3.7 & -4.2 & 2.7 & -0.1 \\
0.2 & -0.1 & 4.9 & -0.9 & 0.1 & 4.3 & 1.6 & 2.6 & 1.5 & -1.0 & 0.8 & 1.6
\end{Bmatrix},
$$

$$
\boldsymbol{b} = (15.7,31.8,-36.4,38.5,40.3,10.0,89.8,5.8,2.7,-16.3,-14.6,-72.7,57.7,-34.5,69.1)^{\mathrm{T}}.
$$

例 5.5

$$\begin{aligned}
\min \quad & \frac{3x_1+4x_2+10}{-x_1^2+2x_1-x_2^2+15}+\frac{3x_1+5x_2+6}{2x_1+4x_2+3}+\frac{2x_1+3x_2+1}{-x_1^2+18}.\\
\text{s.t.} \quad & x_1+x_2\leqslant 4,\\
& -x_1+x_2\leqslant 4,\\
& x_1\geqslant 0,\ x_2\geqslant 0.
\end{aligned}$$

例 5.1～例 5.5 的计算结果及比较如表 5.1 所示.

表 5.1　例 5.1～例 5.5 的计算结果及比较

例	方法	最优解	最优值	迭代次数
5.1	文献[62]	(1.0,0.0)	1.428571	10
	本章方法	(1.0,0.0)	1.4286	1
5.2	文献[70]	(0.0,0.283935547)	1.623183358	71
	本章方法	(0.0,0.2813)	1.6232	42
5.3	文献[62]	(0.0,3.33333,0.0)	−3.002924	66
	文献[67]	(0.0,3.33329,0.0)	−3.000042	30
	本章方法	(0.0,3.3333,0.0)	−3.0029	26
5.4	文献[71]	(6.2237,20.0603,3.774868,5.947937,0.0,7.456478, 0.0,23.312241,0.000204,41.031278,0.0,3.171060)	−16.077978	11
	本章方法	(6.2237,20.0603,3.7747,5.9478,0.0,7.4567,0.0, 23.3126,0.0,41.0318,0.0,3.1711)	−16.0780	1
5.5	本章方法	(0.0,4.0)	−23.9094	1

例 5.6　考虑如下随机问题:

$$\begin{aligned}
\min \quad & \sum_{i=1}^{p}\frac{\boldsymbol{c}_i^{\mathrm{T}}\boldsymbol{x}+d_i}{\boldsymbol{e}_i^{\mathrm{T}}x+f_i}.\\
\text{s.t.} \quad & \boldsymbol{A}\boldsymbol{x}\leqslant \boldsymbol{b},\\
& \boldsymbol{x}\geqslant \boldsymbol{0}.
\end{aligned}$$

其中，$\boldsymbol{c}_i,\boldsymbol{e}_i\in\mathbf{R}^n$，$d_i,f_i\in\mathbf{R}$ 是在区间[−0.5,0.5]上随机产生的数，$\boldsymbol{A}\in\mathbf{R}^{m\times n}$，$\boldsymbol{b}\in\mathbf{R}^m$ 是在区间[0,0.5]上随机产生的. 该例的计算结果如表 5.2 所示.

表 5.2　例 5.6 的计算结果

p	(m,n)	平均运行时间/s	平均迭代次数
3	(5,10)	1.2318	2
	(10,20)	13.2568	4.1
6	(5,10)	2.4282	2.4
	(10,20)	14.4695	4.3
9	(5,10)	15.1346	7.1
	(10,20)	29.0426	9.8

对于例 5.6 的每种情况，做 10 次随机试验，然后取计算结果的平均值．关于例 5.6 的具体计算结果如表 5.2 所示．从这些数值试验的结果比较中可以看出，本章的方法是有效可行的．

第 6 章　广义几何规划问题的全局最优化

本章考虑广义几何规划（generalized geometric programming，GGP）问题（以下称问题 GGP），数学模型如下：

$$
\begin{aligned}
\min\quad & G_0(\boldsymbol{x}). \\
\text{s.t.}\quad & G_j(\boldsymbol{x}) \leqslant \beta_j, j=1,2,\cdots,m, \\
& H_0=\left\{\boldsymbol{x} \middle| 0<\underline{x_i} \leqslant x_i \leqslant \overline{x_i}<\infty, \forall i=1,2,\cdots,n\right\}.
\end{aligned}
$$

其中，$G_j(\boldsymbol{x})=\sum_{t=1}^{T_j}\alpha_{jt}\prod_{i=1}^{n}x_i^{\gamma_{jti}}$，$\alpha_{jt}$和$\gamma_{jti}$均为任意实数，$T_j$为正整数，$\underline{x_i}<\overline{x_i}(i=1,2,\cdots,n)$，$j=0,1,\cdots,m.$

问题 GGP 在实际问题中有着广泛的应用，诸如产品计划、化学工程等问题．这类问题通常存在多个非全局最优解的极小解，所以求解起来比较困难．目前求解问题 GGP 的局部最优化方法较多，如文献[72]、[73]，而全局最优化方法较少，且提出的全局最优化方法大多是针对问题 GGP 的特殊形式的，如文献[74]、[75]．本章根据问题 GGP 的结构特点提出了一种确定性的全局最优化算法．在算法中，采用了一种二次松弛化方法为目标函数及约束函数构造线性下界函数，从而建立问题 GGP 的线性松弛规划 LRP．通过对 LRP 可行域的细分及一系列的问题 LRP 的求解，证明了若问题 GGP 的最优解存在，则算法是全局收敛的．与文献[74]、[75]中的线性化方法相比，本章的方法不会增加新的变量及约束，数值算例也表明了该算法的可行性．

6.1　新的线性化方法及算法

不失一般性，对每个T_j，令$T_j^+=\left\{t \mid \alpha_{jt}\geqslant 0, j=0,1,\cdots,m;\ \ t=1,2,\cdots,T_j\right\}$，$T_j^-=\left\{t \mid \alpha_{jt}<0, j=0,1,\cdots,m;\ \ t=1,2,\cdots,T_j\right\}$，则问题 GGP 可表示成如下形式：

$$
\begin{aligned}
\min\quad & G_0(\boldsymbol{x})=\sum_{t\in T_0^+}\alpha_{0t}\prod_{i=1}^{n}x_i^{\gamma_{0ti}}+\sum_{t\in T_0^-}\alpha_{0t}\prod_{i=1}^{n}x_i^{\gamma_{0ti}}. \\
\text{s.t.}\quad & G_j(\boldsymbol{x})=\sum_{t\in T_j^+}\alpha_{jt}\prod_{i=1}^{n}x_i^{\gamma_{jti}}+\sum_{t\in T_j^-}\alpha_{jt}\prod_{i=1}^{n}x_i^{\gamma_{jti}}\leqslant \beta_j, j=1,2,\cdots,m,
\end{aligned}
$$

$$H^0=\left[\boldsymbol{x}\middle|0<\underline{x_i}\leqslant x_i\leqslant\overline{x_i},i=1,2,\cdots,n\right].$$

下面为每一个函数

$$G_j(\boldsymbol{x})=\sum_{t\in T_j^+}\alpha_{jt}\prod_{i=1}^{n}x_i^{\gamma_{jti}}+\sum_{t\in T_j^-}\alpha_{jt}\prod_{i=1}^{n}x_i^{\gamma_{jti}}\quad(j=0,\cdots,m),$$

构造线性下界函数.

1. *方法描述*

首先令 $\prod_{i=1}^{n}x_i^{\gamma_{jti}}=\exp(z_{jt})$，则根据对数函数的单调性，可以求出 z_{jt} 的下界 z_{jt}^l 及上界 z_{jt}^u，即

$$z_{jt}^l=\sum_{i=1}^{n}b_i，\text{其中，}\ b_i=\begin{cases}\gamma_{jti}\ln(\underline{x_i}), & \text{如果}\gamma_{jti}\geqslant 0,\\ \gamma_{jti}\ln(\overline{x_i}), & \text{否则；}\end{cases}$$

$$z_{jt}^u=\sum_{i=1}^{n}c_i，\text{其中，}\ c_i=\begin{cases}\gamma_{jti}\ln(\overline{x_i}), & \text{如果}\gamma_{jti}\geqslant 0,\\ \gamma_{jti}\ln(\underline{x_i}), & \text{否则.}\end{cases}$$

通过这种变换，可以得到一个关于 z_{jt} 的函数：

$$\widetilde{G_j}(z_{jt})=\sum_{t\in T_j^+}\alpha_{jt}\exp(z_{jt})+\sum_{t\in T_j^-}\alpha_{jt}\exp(z_{jt}).$$

然后进行**第一次松弛**．在区间 $\left[z_{jt}^l,z_{jt}^u\right]$ 上，根据函数 $\exp(z_{jt})$ 的单调性，有

$$K_{jt}\left[1+z_{jt}-\ln(K_{jt})\right]\leqslant\exp(z_{jt})\leqslant K_{jt}(z_{jt}-z_{jt}^l)+\exp(z_{jt}^l),$$

其中，

$$K_{jt}=\frac{\exp(z_{jt}^u)-\exp(z_{jt}^l)}{z_{jt}^u-z_{jt}^l}.$$

在 $\widetilde{G_j}(z_{jt})$ 中，对于 $\sum_{t\in T_j^+}\alpha_{jt}\exp(z_{jt})$，因为 $\alpha_{jt}>0$，所以有

$$\begin{aligned}\sum_{t\in T_j^+}\alpha_{jt}\exp(z_{jt})&\geqslant\sum_{t\in T_j^+}\alpha_{jt}K_{jt}\left[1+z_{jt}-\ln(K_{jt})\right]\\&=\sum_{t\in T_j^+}\alpha_{jt}K_{jt}\left[1+\sum_{i=1}^{n}\gamma_{jti}\ln(x_i)-\ln(K_{jt})\right].\end{aligned}$$

对于 $\sum_{t\in T_j^-}\alpha_{jt}\exp(z_{jt})$，因为 $\alpha_{jt}<0$，所以

$$\sum_{t\in T_j^-}\alpha_{jt}\exp(z_{jt})\geqslant\sum_{t\in T_j^-}\alpha_{jt}\left[\exp(z_{jt}^l)+K_{jt}(z_{jt}-z_{jt}^l)\right]$$

$$=\sum_{t\in T_j^-}\alpha_{jt}\left\{\exp(z_{jt}^l)+K_{jt}\left[\sum_{i=1}^{n}\gamma_{jti}\ln(x_i)-z_{jt}^l\right]\right\}.$$

从而可得关于 $\boldsymbol{x}$ 的第一次松弛函数 $\overline{G_j}(\boldsymbol{x})$ 为

$$\begin{aligned}\overline{G_j}(\boldsymbol{x})&=\sum_{t\in T_j^+}\alpha_{jt}K_{jt}\left[1+\sum_{i=1}^{n}\gamma_{jti}\ln(x_i)-\ln(K_{jt})\right]+\sum_{t\in T_j^-}\alpha_{jt}\left\{\exp(z_{jt}^l)+K_{jt}\left[\sum_{i=1}^{n}\gamma_{jti}\ln(x_i)-z_{jt}^l\right]\right\}\\&=\sum_{t\in T_j^+}\alpha_{jt}K_{jt}\left[1-\ln(K_{jt})\right]+\sum_{t\in T_j^-}\alpha_{jt}\left[\exp(z_{jt}^l)-K_{jt}z_{jt}^l\right]\\&\quad+\sum_{t\in T_j^+}\alpha_{jt}K_{jt}\sum_{i=1}^{n}\gamma_{jti}\ln(x_i)+\sum_{t\in T_j^-}\alpha_{jt}K_{jt}\sum_{i=1}^{n}\gamma_{jti}\ln(x_i).\end{aligned}\tag{6-1}$$

最后进行**第二次松弛**．在区间 $\left[\underline{x_i},\overline{x_i}\right]$ 上，根据对数函数的单调性，有

$$K_i(x_i-\underline{x_i})+\ln(\underline{x_i})\leqslant\ln(x_i)\leqslant K_i-1-\ln(K_i),$$

其中，

$$K_i=\frac{\ln(\overline{x_i})-\ln(\underline{x_i})}{\overline{x_i}-\underline{x_i}}.$$

在 $\overline{G_j}(\boldsymbol{x})$ 中，考虑项 $\sum_{t\in T_j^+}\alpha_{jt}K_{jt}\sum_{i=1}^{n}\gamma_{jti}\ln(x_i)$，因为 $\alpha_{jt}>0$，$K_{jt}>0$，所以

$$\sum_{t\in T_j^+}\alpha_{jt}K_{jt}\sum_{i=1}^{n}\gamma_{jti}\ln(x_i)=\sum_{t\in T_j^+}\sum_{i=1}^{n}\alpha_{jt}K_{jt}\gamma_{jti}\ln(x_i)\geqslant\sum_{t\in T_j^+}\sum_{i=1}^{n}l_{jti}(x_i),$$

其中，

$$l_{jti}(x_i)=\begin{cases}\alpha_{jt}K_{jt}\gamma_{jti}\left[K_i(x_i-\underline{x_i})+\ln(\underline{x_i})\right], & \text{如果}\gamma_{jti}\geqslant 0,\\ \alpha_{jt}K_{jt}\gamma_{jti}\left[K_ix_i-1-\ln(K_i)\right], & \text{否则}.\end{cases}$$

同时考虑项 $\sum_{t\in T_j^-}\alpha_{jt}K_{jt}\sum_{i=1}^{n}\gamma_{jti}\ln(x_i)$，因为 $\alpha_{jt}<0,K_{jt}>0$，所以

$$\sum_{t\in T_j^-}\alpha_{jt}K_{jt}\sum_{i=1}^{n}\gamma_{jti}\ln(x_i)=\sum_{t\in T_j^-}\sum_{i=1}^{n}\alpha_{jt}K_{jt}\gamma_{jti}\ln(x_i)\geqslant\sum_{t\in T_j^-}\sum_{i=1}^{n}h_{jti}(x_i),$$

其中，

$$h_{jti}(x_i)=\begin{cases}\alpha_{jt}K_{jt}\gamma_{jti}\left[K_ix_i-1-\ln(K_i)\right], & \text{如果}\gamma_{jti}\geqslant 0,\\ \alpha_{jt}K_{jt}\gamma_{jti}\left[K_i(x_i-\underline{x_i})+\ln(\underline{x_i})\right], & \text{否则}.\end{cases}$$

综上，可有

$$\overline{G_j}(\boldsymbol{x})\geqslant\sum_{t\in T_j^+}\alpha_{jt}K_{jt}\left[1-\ln(K_{jt})\right]+\sum_{t\in T_j^-}\alpha_{jt}\left[\exp(z_{jt}^l)-K_{jt}z_{jt}^l\right]$$

$$+\sum_{t\in T_j^+}\sum_{i=1}^{n}l_{jti}(x_i)+\sum_{t\in T_j^-}\sum_{i=1}^{n}h_{jti}(x_i).$$

令

$$\mathrm{LG}_j(\boldsymbol{x})=\sum_{t\in T_j^+}\alpha_{jt}K_{jt}\left[1-\ln(K_{jt})\right]+\sum_{t\in T_j^-}\alpha_{jt}\left[\exp(z_{jt}^l)-K_{jt}z_{jt}^l\right]$$
$$+\sum_{t\in T_j^+}\sum_{i=1}^{n}l_{jti}(x_i)+\sum_{t\in T_j^-}\sum_{i=1}^{n}h_{jti}(x_i),\tag{6-2}$$

显然，对 $\forall \boldsymbol{x}\in H^0$，有 $\mathrm{LG}_j(\boldsymbol{x})\leqslant G_j(\boldsymbol{x})$，即 $\mathrm{LG}_j(\boldsymbol{x})$ 是 $G_j(\boldsymbol{x})$ 的一个线性下界函数，这样就可以得到问题 GGP 的线性松弛规划问题 LRP．设问题 P 的最优值用 $V(\mathrm{P})$ 表示，则由以上讨论知，$V(\mathrm{LRP})\leqslant V(\mathrm{GGP})$．

定理 6.1　令 $\delta_{jt}=z_{jt}^u-z_{jt}^l$，$\omega_i=\overline{x_i}-\underline{x_i}$, $j=0,1,\cdots,m$；$t=1,2,\cdots,T_j$；$i=1,2,\cdots,n$，则 $\omega_i\to 0$ 时，有

$$\varDelta_j=G_j(\boldsymbol{x})-\mathrm{LG}_j(\boldsymbol{x})\to 0.$$

证明　令 $\varDelta_j=G_j(\boldsymbol{x})-\mathrm{LG}_j(\boldsymbol{x})=G_j(\boldsymbol{x})-\overline{G_j}(\boldsymbol{x})+\overline{G_j}(\boldsymbol{x})-\mathrm{LG}_j(\boldsymbol{x})$，并令 $\varDelta_j^1=G_j(\boldsymbol{x})-\overline{G_j}(\boldsymbol{x})$，$\varDelta_j^2=\overline{G_j}(\boldsymbol{x})-\mathrm{LG}_j(\boldsymbol{x})$．显然，要证明当 $\omega_i\to 0$ 时，有 $\varDelta_j\to 0$，只需证 $\varDelta_j^1\to 0$，$\varDelta_j^2\to 0$ 即可．

首先考虑 $\varDelta_j^1$．

$$\begin{aligned}\varDelta_j^1&=G_j(x)-\overline{G_j}(x)\\&=\sum_{t\in T_j^+}\alpha_{jt}\prod_{i=1}^{n}x_i^{\gamma_{jti}}+\sum_{t\in T_j^-}\alpha_{jt}\prod_{i=1}^{n}x_i^{\gamma_{jti}}-\sum_{t\in T_j^+}\alpha_{jt}K_{jt}\left[1+\sum_{i=1}^{n}\gamma_{jti}\ln(x_i)-\ln(K_{jt})\right]\\&\quad-\sum_{t\in T_j^-}\alpha_{jt}\left(\left\{\exp(z_{jt}^l)+K_{jt}\left[\sum_{i=1}^{n}\gamma_{jti}\ln(x_i)-z_{jt}^l\right]\right\}\right)\\&=\sum_{t\in T_j^+}\alpha_{jt}\left\{\exp(z_{jt})-K_{jt}\left[1+z_{jt}-\ln(K_{jt})\right]\right\}\\&\quad+\sum_{t\in T_j^-}\alpha_{jt}\left[\exp(z_{jt})-\exp(z_{jt}^l)-K_{jt}(z_{jt}-z_{jt}^l)\right].\end{aligned}\tag{6-3}$$

由 z_{jt}^l 和 z_{jt}^u 的定义，知 $\delta_{jt}=z_{jt}^u-z_{jt}^l\to 0$．因此根据文献[76]知，当 $\delta_{jt}\to 0$ 时，

$$\exp(z_{jt})-K_{jt}\left[1+z_{jt}-\ln(K_{jt})\right]\to 0,$$
$$\exp(z_{jt})-\exp(z_{jt}^l)-K_{jt}(z_{jt}-z_{jt}^l)\to 0.$$

这意味着当 $\omega_i\to 0(i=1,2,\cdots,n)$ 时，$\varDelta_j^1\to 0$．

然后考虑 $\varDelta_j^2$．

$$
\begin{aligned}
\Delta_j^2 &= \overline{G_j}(\boldsymbol{x}) - \mathrm{LG}_j(\boldsymbol{x}) = \sum_{t\in T_j^+}\alpha_{jt}K_{jt}\left[1+\sum_{i=1}^{n}\gamma_{jti}\ln(x_i)-\ln(K_{jt})\right] \\
&\quad + \sum_{t\in T_j^-}\alpha_{jt}\left(\left\{\exp(z_{jt}^l)+K_{jt}\left[\sum_{i=1}^{n}\gamma_{jti}\ln(x_i)-z_{jt}^l\right]\right\}\right)-\sum_{t\in T_j^+}\alpha_{jt}K_{jt}\left[1-\ln(K_{jt})\right] \\
&\quad - \sum_{t\in T_j^-}\alpha_{jt}\left[\exp(z_{jt}^l)-K_{jt}z_{jt}^l\right]-\sum_{t\in T_j^+}\sum_{i=1}^{n}l_{jti}(x_i)-\sum_{t\in T_j^-}\sum_{i=1}^{n}h_{jti}(x_i) \\
&= \sum_{t\in T_j^+}\sum_{i=1}^{n}\left[\alpha_{jt}K_{jt}\gamma_{jti}\ln(x_i)-l_{jti}(x_i)\right]+\sum_{t\in T_j^-}\sum_{i=1}^{n}\left[\alpha_{jt}K_{jt}\gamma_{jti}\ln(x_i)-h_{jti}(x_i)\right].
\end{aligned}
\tag{6-4}
$$

考虑式（6-4）中，令$\nabla = \alpha_{jt}K_{jt}\gamma_{jti}\ln(x_i)-l_{jti}(x_i)$，假设$\gamma_{jti}\geqslant 0$，则

$$
l_{jti}(x_i)=\alpha_{jt}K_{jt}\gamma_{jti}\left[K_i(x_i-\underline{x_i})+\ln(\underline{x_i})\right],
$$

因此，

$$
\begin{aligned}
\nabla &= \alpha_{jt}K_{jt}\gamma_{jti}\ln(x_i)-l_{jti}(x_i) \\
&= \alpha_{jt}K_{jt}\gamma_{jti}\left[\ln(x_i)-K_i(x_i-\underline{x_i})-\ln(\underline{x_i})\right].
\end{aligned}
$$

根据文献[67]知，当$\omega_i\to 0$时，$\ln(x_i)-K_i(x_i-\underline{x_i})-\ln(\underline{x_i})\to 0$，所以$\omega_i\to 0$时，$\nabla\to 0$．类似地，可以证明，当$\omega_i\to 0$时，$\alpha_{jt}K_{jt}\gamma_{jti}\ln(x_i)-h_{jti}(x_i)\to 0$．从而，当$\omega_i\to 0$时，有$\Delta_j^2\to 0$．

综上可得，当$\omega_i\to 0$时，$\Delta_j=\Delta_j^1=\Delta_j^2\to 0$，定理 6.1 即证．

定理 6.1 说明了随着搜索区域的缩短，下界函数$\mathrm{LG}_j(\boldsymbol{x})$可以无限逼近$G_j(\boldsymbol{x})$．

2. 算法描述

下面给出求解问题 GGP 的全局最优化算法．通过求解一系列线性规划问题 LRP，逐步改进原问题 GGP 最优目标值的上界和下界，最终确定原问题的全局极小解．假定在算法进行的第k次迭代中，Q_k表示由活动节点（即可能存在全局解的子长方体）构成的集合．对每一个节点$H\in Q_k$，求解线性规划 LRP(H)得最优值$\mathrm{LB}(H)=V[\mathrm{LRP}(H)]$，而问题 GGP 的全局最优值的下界为$\mathrm{LB}_k=\min\{\mathrm{LB}(H), \forall H\in Q_k\}$．对$\forall H\in Q_k$，若 LRP($H$)的最优解对 GGP 是可行的，则更新 GGP 的上界（若需要）．选定一个具有最小下界的活动节点，将其分成两部分，并对每个新的节点求其相应的解，重复这一过程直到满足收敛条件为止．

在本算法中，假定矩形节点$H=\{\boldsymbol{x}\in\mathbf{R}^n \mid \underline{x_i}\leqslant x_i\leqslant\overline{x_i}, i=1,2,\cdots,n\}\subseteq H^0$将被划分，对于它的划分，采用如下规则：

1）令

$$
j=\mathrm{argmax}\{\overline{x_i}-\underline{x_i}, i=1,2,\cdots,n\}.
$$

2）令 σ_j 满足

$$\sigma_j=\frac{1}{2}(\underline{x}_j+\overline{x}_j).$$

3）令

$$H^1=\left\{\boldsymbol{x}\in\mathbf{R}^n\middle|\underline{x}_i\leqslant x_i\leqslant\overline{x}_i,i\neq j,\ \ \underline{x}_j\leqslant x_j\leqslant\sigma_j\right\},$$

$$H^2=\left\{\boldsymbol{x}\in\mathbf{R}^n\middle|\underline{x}_i\leqslant x_i\leqslant\overline{x}_i,i\neq j,\ \ \sigma_j\leqslant x_j\leqslant\overline{x}_j\right\}.$$

通过划分得到两个子矩形 H^1 和 H^2，且 $H^1\cap H^2=\varnothing$，$H^1\cap H^2=H$．

本节算法的具体步骤如下．

步骤 1　选取 $\varepsilon\geqslant0$，对问题 LRP 在矩形 $H=H^0$ 上求最优解 $\boldsymbol{x}^0$ 和最优值 $\mathrm{LB}(H^0)$，令

$$\mathrm{LB}_0=\mathrm{LB}(H^0),\ \ \mathrm{UB}_0=G_0(\boldsymbol{x}^0).$$

如果 $\mathrm{UB}_0-\mathrm{LB}_0\leqslant\varepsilon$，则停止算法，此时，$\boldsymbol{x}^0$ 是问题 GGP 的 ε-最优解；否则，令

$$Q_0=\{\boldsymbol{x}^0\},\ \ F=\varnothing,\ \ k=1,$$

转步骤 2.

步骤 2　$k\geqslant1$．

步骤 2.1　令 $\mathrm{UB}_k=\mathrm{UB}_{k-1}$．利用上述分支规则将 H^{k-1} 划分为两个子矩形 $H^{k,1},H^{k,2}\subseteq\mathbf{R}^n$，令 $F=F\cup\{H^{k-1}\}$．

步骤 2.2　对于子矩形 $H^{k,1}$ 或 $H^{k,2}$，修正相应的参数 $K_{jt},K_i(j=0,1,\cdots,m;\ t=1,2,\cdots,T_j;\ i=1,2,\cdots,n)$．要为问题 LRP 在 $H=H^{k,t}$ 上计算 $\mathrm{LB}(H^{k,t})$ 并找出最优解 $\boldsymbol{x}^{k,t}$，其中 $t=1$ 或 $t=2$ 或 $t=1,2$．如果可能，修正上界并令 $\boldsymbol{x}^k$ 表示满足 $\mathrm{UB}_k=G_0(\boldsymbol{x}^k)$ 的点.

步骤 2.3　如果 $\mathrm{LB}(H^{k,t})>\mathrm{UB}_k$，那么令

$$F=F\cup\{H^{k,t}\}.$$

步骤 2.4　令

$$F=F\cup\{H\in Q_{k-1}|\ \mathrm{LB}(H)>\mathrm{UB}_k\}.$$

步骤 2.5　令

$$Q_k=\left\{H|\ H\in(Q_{k-1}\cup\{H^{k,1},H^{k,2}\}),\ \ H\notin F\right\}.$$

步骤 2.6　令 $\mathrm{LB}_k=\min\{\mathrm{LB}(H)\,|\ H\in Q_k\}$，并令 $H^k\in Q_k$ 为满足 $\mathrm{LB}_k=\mathrm{LB}(H^k)$ 的子矩形. 如果 $\mathrm{UB}_k-\mathrm{LB}_k\leqslant\varepsilon$，则停止算法，此时，$\boldsymbol{x}^k$ 是 GGP 的 ε-最优解；否则，令 $k=k+1$，转步骤 2.

6.2　算法的收敛性及应用

定理 6.2　若原问题 GGP 的全局最优解存在，则该算法或者在有限步求得 GGP 的 ε-全局最优解，或者算法产生的迭代点列的极限点必为 GGP 的全局最优解.

证明　若算法在有限步终止，假定在第 $k \geqslant 0$ 步终止，由 6.1 节的算法知，$\boldsymbol{x}^k$ 是通过 LRP 在某个 $H \subseteq H^0$ 上求得的，且 $\boldsymbol{x}^k$ 是原问题 GGP 的一个可行解. 由终止准则 $\mathrm{UB}_k - \mathrm{LB}_k \leqslant \varepsilon$，以及算法的步骤 2.2，有 $G_0(\boldsymbol{x}^k) - \mathrm{LB}_k \leqslant \varepsilon$. 由松弛过程知 $V \geqslant \mathrm{LB}_k$. 又因为 $\boldsymbol{x}^k$ 是 GGP 的一个可行解，所以 $G_0(\boldsymbol{x}^k) \geqslant V$.

综上可有 $V \leqslant G_0(\boldsymbol{x}^k) \leqslant V + \varepsilon$，从而证得算法在有限步终止时，$\boldsymbol{x}^k$ 是 GGP 的 ε-全局最优解.

若算法在无限步终止，那么算法将为 GGP 产生一个可行解序列 $\{\boldsymbol{x}^k\}$. 假设 $\bar{\boldsymbol{x}}$ 是序列 $\{\boldsymbol{x}^k\}$ 的极限点，即 $\lim\limits_{k\to\infty} \boldsymbol{x}^k = \bar{\boldsymbol{x}} \in H^0$. 由于 $\{\boldsymbol{x}^k\}$ 是无限序列，不失一般性，假定 $H^{k+1} \subset H^k$，由于矩形 H^k 是通过矩形对分产生的，由此可得

$$\lim_{k\to\infty} H^k = \bigcap_k H^k = \{\bar{\boldsymbol{x}}\}.$$

记 $\bar{H} = \bar{\boldsymbol{x}}$，对每个 k 有 $\lim\limits_{k\to\infty} \mathrm{LB}(H^k) \leqslant V$. 又知 $\bar{\boldsymbol{x}}$ 是原问题 GGP 的一个可行解，所以有 $V \leqslant G_0(\bar{\boldsymbol{y}})$. 综上可有

$$\lim_{k\to\infty} \mathrm{LB}(H^k) \leqslant V \leqslant G_0(\bar{\boldsymbol{y}}).$$

另外，因为 $\lim\limits_{k\to\infty} \mathrm{LB}(H^k) = \lim\limits_{k\to\infty} \mathrm{LG}_0(\boldsymbol{x}^k) = \mathrm{LG}_0(\bar{\boldsymbol{x}})$，由定理 6.2 知，$G_0(\bar{\boldsymbol{x}}) = \mathrm{LG}_0(\bar{\boldsymbol{x}})$，所以 $V = G_0(\bar{\boldsymbol{x}})$，即极限点 $\bar{\boldsymbol{x}}$ 为原问题 GGP 的全局最优解.

下面两个数值试验可以验证本章方法的可行性.

例 6.1

$$\begin{aligned}
\min \quad & 0.5x_1x_2^{-0.5} - x_1 - 5x_2^{-1}. \\
\text{s.t.} \quad & 0.03x_2x_3^{-1} + 0.01x_2 + 0.0005x_1x_3 \leqslant 1, \\
& 70 \leqslant x_1 \leqslant 150,\ \ 1 \leqslant x_2 \leqslant 30,\ \ 0.5 \leqslant x_3 \leqslant 21.
\end{aligned}$$

取 $\varepsilon = 1\times10^{-6}$，计算结果：迭代次数为 1616，最大节点数为 315，运行时间为 4s，最优值为−136.473602，最优解为 $\boldsymbol{x}^* = (150, 30, 7.78710)$.

例 6.2

$$
\begin{aligned}
\min \quad & -x_1 + x_1^{1.2} x_2^{0.5} - x_2^{0.8}. \\
\text{s.t.} \quad & -6x_1x_2^3 + 8x_2^{0.5} \leqslant 3, \\
& 3x_1 - x_2 \leqslant 3, \\
& 0.5 \leqslant x_1 \leqslant 1.5, 0.5 \leqslant x_2 \leqslant 1.5.
\end{aligned}
$$

取 $\varepsilon = 1\times 10^{-6}$，计算结果：迭代次数为 22，最大节点数为 5，运行时间小于 1s，最优值为−1.388348，最优解为 $\boldsymbol{x}^* = (0.335701, 1.5)$.

PART Ⅱ　群智能最优化方法

第 7 章　群智能最优化方法简介

在实际问题中，全局最优解的确定是非常困难的，尤其是随着问题规模的增大，局部最优点数目的增加，传统的确定性方法越来越难以寻找到全局最优解. 当然，对确定性算法也可以采用多初始点的方法，使其收敛到不同的局部最优解，然后在局部最优解中寻找一个较好的解作为全局最优解. 但是这样的方法也有明显的缺陷，它对问题本身的依赖性非常强. 初始点的选取及问题的光滑性都是寻找最优解的关键. 为了寻找全局最优解，一类不依赖于问题本身性质的随机性算法应运而生. 这类算法对最优化问题通常没有太多的假定，比较适用于求解那些不知道问题结构的最优化问题，即黑匣子最优化问题. 这类算法主要有萤火虫算法[77-78]、粒子群优化算法[79-80]，蝙蝠算法[81-82]、蚁群优化算法[83]和遗传算法[84-85]等.

1. 萤火虫算法

萤火虫算法（firefly algorithm，FA）是 Yang[77]在 2008 年提出的，它模拟了萤火虫之间使用自身的发光机制进行交流和求偶等的行为. 由于萤火虫算法具有易于理解、参数较少、实现简单的特点，所以受到了学者们的广泛关注，并得到了进一步的研究. 目前，该算法已经被用来有效解决一些实际最优化问题，如结构设计问题[86]、生产调度问题[87]、流水车间调度问题[88]，经济排放负荷调度问题[89]等.

在萤火虫算法中，萤火虫各自对应于搜索空间中的一个位置. 每只萤火虫都和种群中的其他个体进行比较，如果被比较个体更亮，那么它将朝着该个体移动从而更新自己的位置. 最后，种群中最亮的萤火虫即为最优解. 萤火虫算法中有三个假设条件：

1）每只萤火虫只朝着比它亮的个体移动，如果某只萤火虫是种群中最亮的，那么它在搜索空间中将进行随机移动.

2）萤火虫的光亮强度由问题的目标函数值所确定.

3）萤火虫受到种群中所有个体的吸引，不考虑性别差异.

考虑 D 维的最小化问题，假设种群大小为 N_{p}，且第 i 只萤火虫在空间中位置为 $\boldsymbol{x}_i=(x_{i1},x_{i2},\cdots,x_{in})$. 每只萤火虫的初始位置由式（7-1）随机产生：

$$\boldsymbol{x}_i=\boldsymbol{l}+\mathrm{rand}\cdot(\boldsymbol{u}-\boldsymbol{l}),\tag{7-1}$$

其中，$\boldsymbol{l}$ 和 $\boldsymbol{u}$ 分别为搜索空间的下界和上界；rand 为随机数.

萤火虫 $\boldsymbol{x}_i$ 与 $\boldsymbol{x}_j$ 之间的欧式距离依据式（7-2）计算：

$$r_{ij}=\sqrt{\sum_{t=1}^{n}(x_{it}-x_{jt})^2}. \tag{7-2}$$

光强度计算公式为

$$I(r)=I_0\mathrm{e}^{-\gamma r^2}, \tag{7-3}$$

其中，γ 是光吸收系数，I_0 是 $r=0$ 时的初始光强度.

每只萤火虫的吸引度公式为

$$\beta(r)=\beta_0\mathrm{e}^{-\gamma r^2}, \tag{7-4}$$

其中，β_0 是 $r=0$ 时的初始吸引值.

当萤火虫 $\boldsymbol{x}_j$ 发出的光比萤火虫 $\boldsymbol{x}_i$ 亮时，萤火虫 $\boldsymbol{x}_i$ 将向萤火虫 $\boldsymbol{x}_j$ 移动，且萤火虫 $\boldsymbol{x}_i$ 按式（7-5）进行移动：

$$\boldsymbol{x}_i^{t+1}=\boldsymbol{x}_i^t+\beta(\boldsymbol{x}_j^t-\boldsymbol{x}_i^t)+\alpha(\mathrm{rand}-0.5). \tag{7-5}$$

式（7-5）中，第二部分与吸引力相关，第三部分是位置更新时产生的扰动，α 是一个固定步长因子，取值范围为[0,1].

下面给出基本萤火虫算法的伪代码.

步骤 1　初始化：置种群大小为 N_p，最大迭代次数为 ItMax，$\beta_0=1.0$，$\gamma=1.0$，$t=1$.

步骤 2　由式（7-1）产生初始种群 $\boldsymbol{x}_i(i=1,2,3,\cdots,N_\mathrm{p})$.

步骤 3　计算每只萤火虫 $\boldsymbol{x}_i(i=1,2,3,\cdots,N_\mathrm{p})$ 的光强度.

步骤 4　当 $t<=$ ItMax 时

　　对于 $i=1$：$N_\mathrm{p}-1$

　　　对于 $j=i$：N_p

　　　　如果 $f(\boldsymbol{x}_j)<f(\boldsymbol{x}_i)$

　　　　　$\boldsymbol{x}_i$ 由式（7-5）产生；

　　　　否则

　　　　　$\boldsymbol{x}_j$ 由式（7-5）产生.

　　计算新位置处的光强度.

步骤 5　依据光强度，对所有萤火虫进行排名，并选出最亮的萤火虫.

步骤 6　置 $t=t+1$，转步骤 4.

步骤 7　当满足终止条件时，输出最优解.

2. 粒子群优化算法

1995 年，Kennedy 和 Eberhart[79]通过模拟鸟群的协作行为提出了粒子群优化（particle swarm optimization，PSO）算法. 由于 PSO 算法的移动方程吸收了个体历史经验和种群整体经验，所以该算法有较快的收敛速度. 自 PSO 算法提出之后，人们对它的性能和改进做了大量的工作.

在 PSO 算法中，每个粒子的位置代表搜索空间中的一个解，初始种群由随机方式产生，并且在种群的进化过程中粒子之间可以信息共享.

每个粒子有两个状态量，即速度和位置. 假定搜索空间的维度为 n，在第 t 次迭代时，第 i 个粒子的位置和速度分别为 $\boldsymbol{x}_i^t=(x_i^1,x_i^2,\cdots,x_i^n)$ 和 $\boldsymbol{v}_i^t=(v_i^1,v_i^2,\cdots,v_i^n)$. 每个粒子的新位置由式（7-6）实现更新：

$$\begin{cases}\boldsymbol{v}_i^{t+1}=\omega^t\boldsymbol{v}_i^t+c_1r_1(\boldsymbol{p}_{\mathrm{best}_i}^t-\boldsymbol{x}_i^t)+c_2r_2(\boldsymbol{g}_{\mathrm{best}}^t-\boldsymbol{x}_i^t),\\ \boldsymbol{x}_i^{t+1}=\boldsymbol{x}_i^t+\boldsymbol{v}_i^{t+1},\end{cases}\tag{7-6}$$

其中，r_1 和 r_2 是[0,1]中的两个随机数，c_1 和 c_2 分别是个体和社会认知系数，$\boldsymbol{p}_{\mathrm{best}_i}^t$ 是粒子 i 的历史最优位置，$\boldsymbol{g}_{\mathrm{best}}^t$ 是第 t 次迭代时整个种群的最优位置，ω^t 是惯性权重，它是线性或非线性递减的.

下面给出基本 PSO 算法的步骤.

步骤 1　初始化：假设种群大小为 N_{p}，搜索空间的维度为 n. 粒子的位置和速度由随机方式产生.

步骤 2　计算每个粒子的目标函数值.

步骤 3　确定出每个粒子的历史最优位置（$\boldsymbol{p}_{\mathrm{best}}$）.

步骤 4　确定出整个种群的最优位置（$\boldsymbol{g}_{\mathrm{best}}$）.

步骤 5　根据式（7-6）更新粒子的速度和位置.

步骤 6　如果算法不满足终止条件，则返回步骤 2，并继续；否则，继续执行步骤 7.

步骤 7　算法终止，并输出最优解.

3. 蝙蝠算法

在自然界中，蝙蝠使用回声定位既可以来发现猎物，躲避障碍物，也可以决定猎物的类型、距离远近和位置. 通过模拟蝙蝠使用回声定位捕食的行为，Yang[81]在 2010 年提出了蝙蝠算法（bat algorithm，BA），以及算法中的三个假设条件：

1）所有的蝙蝠使用回声来感知距离，并且它们可以知道食物（猎物）和障碍物之间的区别.

2）每只蝙蝠 $i(i=1,2,3,\cdots,N_{\mathrm{p}})$ 以速度 $\boldsymbol{v}_i$、位置 $\boldsymbol{x}_i$ 和固定频率 $f_{\min}$ 随机飞行，并且通过改变波长 λ（或频率）和响度 A 来寻找猎物．除此之外，还可以根据接近猎物的程度自动调整发出的脉冲的波长和脉冲频率 ξ ($\xi\in[0,1]$).

3）尽管响度以不同的形式变化，但是在算法中假设响度的大小是从一个很大的正值 A_0 到最小值 $A_{\min}$ 变化的．

假定搜索空间是 n 维的，蝙蝠数量大小为 N_{p}，第 i 只蝙蝠的位置为 $\boldsymbol{x}_i=(x_{i1},x_{i2},\cdots,x_{in})$，且相应速度为 $\boldsymbol{v}_i=(v_{i1},v_{i2},\cdots,v_{in})$．

算法开始时，整个种群位置由随机方式产生，具体方式如下：

$$\boldsymbol{x}_i=\boldsymbol{l}+\mathrm{rand}\cdot(\boldsymbol{u}-\boldsymbol{l}), \tag{7-7}$$

其中，$\boldsymbol{l}$ 和 $\boldsymbol{u}$ 分别是搜索空间的下界和上界．

在迭代过程中，第 t 次迭代时，第 i 只蝙蝠的频率 f_i、速度 $\boldsymbol{v}_i^t$ 及位置 $\boldsymbol{x}_i^t$ 的更新方式如下：

$$f_i=f_{\min}+(f_{\max}-f_{\min})\beta, \tag{7-8}$$

$$\boldsymbol{v}_i^t=\boldsymbol{v}_i^{t-1}+(\boldsymbol{x}_i^{t-1}-\boldsymbol{x}_{\mathrm{best}})f_i, \tag{7-9}$$

$$\boldsymbol{x}_i^t=\boldsymbol{x}_i^{t-1}+\boldsymbol{v}_i^t. \tag{7-10}$$

其中，$f_{\min}$ 和 $f_{\max}$ 分别表示最小频率和最大频率，β 是区间[0,1]中的随机数，$\boldsymbol{x}_{\mathrm{best}}$ 表示当前种群的最优解．

在局部搜索阶段，第 t 次迭代时，如果脉冲频率小于随机数，那么蝙蝠将在最优个体的附近依据式（7-11）生成一个新位置：

$$\boldsymbol{x}_i=\boldsymbol{x}_{\mathrm{best}}+\varepsilon A^t, \tag{7-11}$$

其中，$A^t=\dfrac{1}{N_{\mathrm{p}}}\sum\limits_{i=1}^{N_{\mathrm{p}}}A_i^t$ 表示第 t 次迭代时整个种群声响的平均值，ε 是区间[−1,1]中的一个随机数．

此外，随着算法迭代的进行，每只蝙蝠的声响和脉冲将根据式（7-12）和式（7-13）进行更新：

$$A_i^{t+1}=\alpha A_i^t, \tag{7-12}$$

$$\xi_i^{t+1}=\xi_i^0\left[1-\exp(-\gamma t)\right], \tag{7-13}$$

其中，α 和 γ 是满足 $0<\alpha<1$，$\gamma>0$ 的两个常数，ξ_i^0 是第 i 只蝙蝠的初始脉冲．由式（7-12）和式（7-13）可以看出，随着算法的进行，声响值逐渐减小，而脉冲值逐渐变大．因此，随着 $t\to\infty$，我们有 $A_i^{t+1}\to 0$，$\xi_i^{t+1}\to\xi_i^0$．

下面给出蝙蝠算法的步骤．

步骤 1　初始化：设置种群大小为 N_{p}，最大迭代次数为 ItMax，初始声响为 A^0，初始脉冲值为 ξ^0，以及常数 α,γ．

步骤 2　初始化种群的位置 $\boldsymbol{x}_i$ 及其速度 $\boldsymbol{v}_i, i=1,2,\cdots,N_{\mathrm{p}}$.

步骤 3　计算所有蝙蝠的函数值，并确定出整个种群的最优位置 $\boldsymbol{x}_{\mathrm{best}}$.

步骤 4　依据式（7-8）～式（7-10）更新频率 f_i、速度 $\boldsymbol{v}_i$ 及位置 $\boldsymbol{x}_i$.

步骤 5　如果 $\mathrm{rand} > r_i$，则 $\boldsymbol{x}_i$ 由式（7-11）进行更新.

步骤 6　如果 $\mathrm{rand} < A_i$ 且 $f(\boldsymbol{x}_i^{\mathrm{new}}) < f(\boldsymbol{x}_{\mathrm{best}})$，则接受新解，并根据式（7-12）和式（7-13）更新声响 A_i 及脉冲.

步骤 7　更新最优解 $\boldsymbol{x}_{\mathrm{best}}$.

步骤 8　如果算法不满足终止条件，则返回步骤 4，并继续；否则，输出最优解 $\boldsymbol{x}_{\mathrm{best}}$.

4. 蚁群优化算法

蚁群优化（ant colony optimization，ACO）算法是由意大利学者 Dorigo 和 Stutzle[83] 提出的，它是依据蚂蚁觅食原理而设计的一种群体智能最优化算法，是蚁群算法的最早形式. 下面以旅行商问题（traveling salesman problem，TSP）为例介绍一种简单的蚁群算法，称为蚂蚁系统. 其基本思想主要是利用蚁群搜索食物的过程和旅行商问题（TSP）之间的相似性，即通过人工模拟蚂蚁利用个体之间的信息交流和相互协作最终求得从蚁穴到食物源的最短路径的方法来求解 TSP 问题. 蚂蚁是一种社会性动物，其个体行为比较简单，但是由这些个体所组成的群体可以表现出极其复杂的行为特征，这是因为蚂蚁在其经过的路径上释放了一种叫作信息素的物质，该物质能够让一定范围内的其他蚂蚁感觉到，且使得这些蚂蚁倾向于朝该物质强度高的方向移动. 蚁群的这种集体行为表现为一种正反馈现象.

ACO 算法是通过一群蚂蚁在 TSP 拓扑图中的行走来共同寻求问题的解. 在每次迭代过程中，每只蚂蚁都会依据路径上信息素的分布情况，随机选取下一个未曾走过的城市，直至访问完所有城市，从而得到问题的一个解. 具体来说，在第 t 次迭代中，第 k 个蚂蚁在第 i 个城市选择下一个城市 j 的转移规则为

$$j=\begin{cases}\operatorname{argmax}_{l\in N_i^k}\left\{\tau_{ij}^{\alpha}(t),\eta_{ij}^{\beta}(t)\right\}, & \text{如果}\mathrm{rand}(0,1)<p,\\ J, & \text{否则},\end{cases}$$

其中，τ_{ij} 为分布在路径 $i\to j$ 上的信息素；α 为信息素的相对重要程度；η_{ij} 为该路径上的局部启发式值，通常取值为该路径长度的倒数，即 $\eta_{ij}=\dfrac{1}{d_{ij}}$；$\beta$ 为启发因子的相对重要程度；p 为区间[0,1]范围内的参数；N_i^k 表示还未曾走过的城市集合；$J\in N_i^k$ 是按照蚂蚁转移概率公式（7-14）所选择的一个随机城市：

$$p_{ij}^k(t)=\frac{\tau_{ij}^{\alpha}(t)\eta_{ij}^{\beta}(t)}{\sum_{l\in N_i^k}\tau_{ij}^{\alpha}(t)\eta_{ij}^{\beta}(t)}. \tag{7-14}$$

在第 t 次迭代中，每只蚂蚁在从第 i 个城市移动到下一个城市 j 时，会在所经过的路径上对信息素进行局部更新，其更新规则如下：

$$\tau_{ij}=(1-\rho)\tau_{ij}+\rho\tau_0. \tag{7-15}$$

其中，τ_0 是一个与初始解有关的常数，$0<\rho\leqslant 1$ 是一个控制信息素挥发的参数. 根据信息素的局部更新规则，当蚂蚁访问过一条弧时，这条弧上的信息素将会减少，从而这条弧对蚂蚁的吸引力也会减少，这样将有助于开发未被访问过的弧.

在所有蚂蚁完成一次迭代后，ACO 算法将计算本次迭代所得到的所有解的质量，并比较本次迭代的最优解和全局历史最优解 X_{Gbest} 的优劣，然后选取两者之间的较优解作为新的 X_{Gbest}. 随后对信息素进行全局更新，更新规则如下：

$$\tau_{ij}=(1-\rho)\tau_{ij}+\rho\left(\frac{1}{L_{\mathrm{Gbest}}}\right),\forall\left(i,j\right)\in T_{\mathrm{Gbest}},$$

其中，T_{Gbest} 表示当前最优路径，L_{Gbest} 表示 T_{Gbest} 的总路径长度.

通过这种方法，迭代过程将在现有最优解的基础上更有针对性地探索更好的解. 下面给出蚁群优化算法的具体流程.

蚁群优化算法

初始化：

当终止条件不满足时

随机选取每只蚂蚁的初始城市.

对于 $i=1$：N_{p}

对每只蚂蚁，使用状态转移规则随机选择下一个城市，并对信息素进行局部更新.

内循环终止.

局部搜索法.

全局信息素更新.

外循环终止:

输出最优解.

5. 遗传算法

遗传算法（genetic algorithm，GA）是最早的广为人知的一类进化算法，是有效解决最优化问题的方法之一. 该方法于 1975 年由美国（密歇根州立）大学的

John Holland 教授提出，John Holland 教授在研究自然和人的系统自适应行为的过程中，首先认识到生物的自然遗传现象与人工自适应系统具有相似性，进而提出了在研究和设计人工自适应系统时，可以借鉴生物自然遗传的基本原理，模仿生物自然遗传的过程来解决问题. 遗传算法是一种全局随机最优化算法，在把该算法应用于任何任务之前，需要设计计算机的表示方式或者编码，这些表示形式称为染色体，其中最为常用的是二进制编码. 在确定了表示方式之后，为了在求解过程中得到改善，此算法主要通过四个过程，即评估、复制、组合和突变. 简单的遗传算法的流程如下.

简单遗传算法流程图

开始
步骤 1　初始种群.
步骤 2　评估群体质量.
复制;
组合;
突变.
步骤 3　如果不满足循环终止条件，则转步骤 2.
结束

遗传算法的主要特点如下：

1）群体搜索功能；
2）针对次数的染色体（编码）进行操作；
3）不需要梯度信息；
4）仅以目标函数作为评优准则，不需要其他专业领域知识；
5）使用随机规则进行搜索，而不是确定规则.

基于以上特点，遗传算法特别适合处理一些带有多参数、多变量、多目标和在多区域但连通的 NP-难问题，并且，在处理许多组合最优化问题时，该方法不需要很强的技巧. 此外，遗传算法与其他启发式算法还有比较好的兼容性.

群智能算法除以上介绍的几种方法外，还有其他一些方法，如蜂群算法 ABC[90]、差分进化算法[91]等，在此不再做一一介绍，有兴趣的读者可参看相关文献.

Part II 主要考虑如下问题的解决：

$$\begin{aligned} &\min \quad f(\boldsymbol{x}) \\ &\text{s.t.} \quad \boldsymbol{x} \in D = [\boldsymbol{l}, \boldsymbol{u}]. \end{aligned} \tag{7-16}$$

其中，$\boldsymbol{x} = (x_1, x_2, \cdots, x_n) \in D$ 是连续变量，$\boldsymbol{l}$ 和 $\boldsymbol{u}$ 分别为搜索区域 D 的下界和上界. 目标函数 $f(\boldsymbol{x}): X \to \mathbf{R}$ 是实值连续函数. 对于约束问题，可首先采用惩罚函数策略将其转化为问题（7-1）的形式，然后使用本书中所提出的方法解决.

第 8 章 基于性别差异的萤火虫算法及其收敛性

基本萤火虫算法虽然有很多优点，但同时也存在大多数群智能算法的缺陷，如易陷入局部最优位置、局部寻优与全局寻优能力不能很好地平衡、精度不是很高等. 因此，自萤火虫算法提出之后，学者们尝试做了诸多改进. 例如，Yelghi 和 Kose[92]通过使用潮汐力的方式更新了种群个体的位置，结果表明新的移动方式更有效；为了降低算法的复杂度，Wang 等[93]设计了一个新的选择机制，该机制可以为每个萤火虫的移动只选择一个较亮的邻居；基于反向学习机制对最坏位置进行更新，Yu 等[94]提出了一个改进的萤火虫算法；为了减少计算代价，Tighzert 等[95]引入了 6 个紧凑萤火虫算法（compact firefly algorithm，CFA）；通过将种群划分成一些子群，并在迭代过程中产生新的子群的方式，Nekouie 和 Yaghoobi[96]提出了一个改进的萤火虫算法，并将其用于多模问题的求解. 基于参数分析与调整，文献[97]～[99]给出了几个改进算法.

此外，一些改进的萤火虫算法还被用于实际问题的求解. 例如，通过引入一个新的吸引算子和局部更新方法，Yang 等[100]提出一个改进萤火虫算法（improved firefly algorithm，IFA），并将其用于可再充电的无线传感器网络问题的求解；为解决水资源的需求分布问题，Wang 等[101]提出了一个动态萤火虫算法. 为了调整史密斯预测结构中的控制参数，基于步长调整，Gupta 和 Padhy[102]给出了一个改进算法.

8.1 改进的萤火虫算法

文献[103]～[105]对于萤火虫算法的性别及交配进行了讨论. 例如，基于性别的物理差异，文献[103]设计了移动方式，其中雄性萤火虫会被所有萤火虫所吸引，且其移动方式与基本萤火虫算法中的移动方式一样；基于遗传算法的基本思想，文献[104]为萤火虫的更新设计了新的移动方式，在算法中，具有最高相互吸引度的一对萤火虫被选为父代，然后基于交叉和变异操作产生后代；文献[105]在搜索过程中添加了一个伴侣列表机制，以确定萤火虫是否向另一个萤火虫移动. 在本章所提出的算法中，每个萤火虫只被异性吸引. 对于雄性萤火虫，它们随机选择两个雌性萤火虫来更新位置，而雌性萤火虫通过向最好的雄性萤火虫移动更新位置.

本章基于萤火虫性别差异分别设计了不同于以往研究的移动方程. 在算法中, 种群大小为 N_p, 雄性与雌性萤火虫各占一半. $\boldsymbol{x}_i(i=1,2,\cdots,N_p/2)$ 表示第 i 个雄性萤火虫, $\boldsymbol{y}_i(i=1,2,\cdots,N_p/2)$ 表示第 i 个雌性萤火虫. 所有萤火虫的初始位置依据式（8-1）随机产生:

$$\boldsymbol{x}_i=\boldsymbol{l}+\mathrm{rand}(\boldsymbol{u}-\boldsymbol{l}), \tag{8-1}$$

其中, $\boldsymbol{l}$ 和 $\boldsymbol{u}$ 分别为搜索空间的下界和上界.

8.2　动机及算法描述

8.2.1　动机

在自然界中, 萤火虫可以与异性进行交配, 通过发射出光警告其他生物. 雄性萤火虫有翅膀, 所以它们可以在空中飞行, 而雌性萤火虫没有翅膀, 它们只能在地面移动.

当萤火虫发出求爱之光时, 雌性萤火虫在地面或低处等待, 雄性萤火虫则在天空中飞行以寻找它们的配偶[106-107]. 受形态特征和萤火虫移动方式的启发, 基于性别差异, 本章提出一个改进的萤火虫算法.

由于在基本萤火虫算法中, 萤火虫只向比自己亮的个体移动, 这可能会导致一些潜在的优秀个体不能被充分利用或者过早收敛的现象发生. 为了改善这些缺点, 本章提出了两个新的搜索方程, 以平衡局部和全局搜索. 根据雄性萤火虫和雌性萤火虫在交配期间的活动习性, 雄性萤火虫的更新方式要尽可能地保证搜索整个空间, 雌性萤火虫的移动方式则要确保它们在高质量的附近搜索潜在解. 此外, 为了进一步提高解的精度, 在算法结束时, 还需在当前最优解处进行混沌搜索. 通过雄性和雌性萤火虫之间的协作完成对基本萤火虫算法的改进. 下面介绍具体细节.

8.2.2　算法描述

1. 雄性萤火虫的位置更新

雄性萤火虫通过雌性萤火虫发出的求爱之光, 以在空中飞行的方式寻找雌性萤火虫. 通过模拟此行为, 本小节提出了雄性萤火虫的更新公式. 首先, 雄性萤火虫 $(\boldsymbol{x}_i)$ 从子群中随机选择两只雌性萤火虫 $(\boldsymbol{y}_k,\boldsymbol{y}_j)$. 然后, 基于亮度比较, 通过计算两个判别因子 (d_1,d_2) 以确定雄性萤火虫的飞行方向, 即根据 d_1,d_2 的大小, 雄性萤火虫选择飞向或者远离的雌性萤火虫. 两个雌性萤火虫的随机选取及方向的调整有利于雄性萤火虫对全空间的搜索. 因此, 迭代过程中, 雄性萤火虫扮演着全局搜索的角色.

通过比较雄性和雌性萤火虫的光强度，判别因子被设置为不同的值. 如果 $\boldsymbol{y}_k$ 的函数值小于 $\boldsymbol{x}_i$ 的函数值，则将第一判别因子 d_1 设置为 1；否则，将它设置为−1. 第二判别因子 d_2 的设置与 d_1 相同，即

$$d_1=\begin{cases}1, & \text{如果} f(\boldsymbol{y}_k^t)<f(\boldsymbol{x}_i^t),\\ -1, & \text{否则},\end{cases} \tag{8-2}$$

$$d_2=\begin{cases}1, & \text{如果} f(\boldsymbol{y}_j^t)<f(\boldsymbol{x}_i^t),\\ -1, & \text{否则}.\end{cases} \tag{8-3}$$

由式（8-2）和式（8-3）可以看出，只有当雌性子群中解的质量比雄性子群中的个体好时，雄性萤火虫才会朝着所选择的雌性萤火虫移动. 否则，它们将会远离并搜索空间中的其他地方. 因此飞行方向的确定可以使雄性子群中的个体有更广的搜索范围，从而增加种群的多样性.

根据以上分析，雄性萤火虫的更新公式如下：

$$\boldsymbol{x}_i^{t+1}=\boldsymbol{x}_i^t+d_1\beta_1\lambda(\boldsymbol{y}_k^t-\boldsymbol{x}_i^t)+d_2\beta_2\mu(\boldsymbol{y}_j^t-\boldsymbol{x}_i^t), \tag{8-4}$$

其中，λ 和 μ 是区间[0,1]中的两个随机数，β_1 是 $\boldsymbol{x}_i$ 和 $\boldsymbol{y}_k$ 之间的吸引力，β_2 是 $\boldsymbol{x}_i$ 和 $\boldsymbol{y}_j$ 之间的吸引力. 萤火虫个体之间的吸引力也由式（8-4）计算.

为了更清晰地说明雄性萤火虫实现全局搜索的过程，图 8.1 给出了雄性萤火虫的移动轨迹，其中图 8.1（a）～（d）代表了雄性萤火虫被雌性萤火虫吸引的四种情况. 圆形表示雄性萤火虫，正方形表示随机选择的两只雌性萤火虫，菱形表示更新后的雄性萤火虫. 图 8.1（a）表示雄性萤火虫受到两只雌性个体的吸引并向它们移动，图 8.1（b）和（c）表示雄性萤火虫只受到其中一只雌性萤火虫的吸引，图 8.1（d）表示雄性个体不受任何雌性个体的吸引，并且远离它们. 图 8.1 表明雄性萤火虫可以尽可能多地朝着不同的方向进行搜索，因此它们的搜索范围更广，进而增加种群的多样性并提高算法的全局搜索能力.

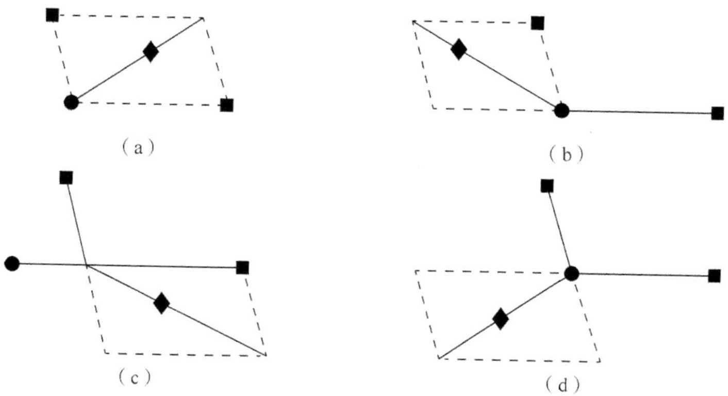

图 8.1　雄性萤火虫的移动轨迹

2. 雌性萤火虫的位置更新

由于一些种类的雌性萤火虫没有翅膀，所以和雄性萤火虫相比，它们移动比较缓慢，求偶时也通常在草地或低的矮灌木上移动．通过模拟它们的移动方式，给出雌性萤火虫的更新公式以实现局部搜索．在搜索过程中，雌性萤火虫只受到雄性子群中最亮个体的吸引，这意味着雌性个体可以使用一个较高质量解的信息来更新它的位置．因此在雄性子群中的最优个体的引导下，雌性萤火虫增加了找到一个潜在解的机会，具体更新公式如下：

$$\boldsymbol{y}_i^{t+1} = \boldsymbol{y}_i^t + \beta\phi(\boldsymbol{x}_{\text{best}}^t - \boldsymbol{y}_i^t), \tag{8-5}$$

其中，$\boldsymbol{x}_{\text{best}}$ 是最亮的雄性萤火虫，β 是 $\boldsymbol{y}_i$ 和 $\boldsymbol{x}_{\text{best}}$ 之间的吸引力，ϕ 是区间[0,1]中的随机数．

3. 混沌搜索

为进一步提高算法的搜索精度，在所有的雌性和雄性萤火虫位置更新完毕后，会在当前种群的最优解处引入混沌搜索．本节使用逻辑映射作为混沌搜索模型．首先根据式（8-6）产生一个混沌数序列，并根据式（8-7）将混沌数映射到搜索空间中，然后由式（8-8）产生 k 个新解．最后将得到的 k 个新解和当前最优解进行比较，并保留具有更小函数值的解．这一操作过程可以保证找到的解有一个更高的搜索精度，具体的更新公式如下：

$$\begin{gathered}\mathrm{ch}(1) = \mathrm{rand}, \\ \mathrm{ch}(k+1) = \alpha \times \mathrm{ch}(k)\left[1 - \mathrm{ch}(k)\right],\end{gathered} \tag{8-6}$$

其中，$\mathrm{ch}(k)$ 是第 k 个混沌数；k 是迭代次数，即混沌搜索的次数，是提前设置好的值，一般大小设置为 5；α =4，这意味着混沌搜索处于全混沌状态．

将上面得到的混沌数映射到搜索空间：

$$\mathbf{Ch}(k) = \boldsymbol{l} + \mathrm{ch}(k) \times (\boldsymbol{u} - \boldsymbol{l}). \tag{8-7}$$

其中，$\boldsymbol{l}$ 和 $\boldsymbol{u}$ 表示变量的下界和上界．

然后，在当前最优解 $\boldsymbol{g}_{\text{best}}$ 附近进一步搜索来提高解的精度，即

$$\boldsymbol{g}'_{\text{best}} = (1-\xi)\boldsymbol{g}_{\text{best}} + \xi\mathbf{Ch}(k), \tag{8-8}$$

其中，$\xi = \dfrac{\mathrm{ItMax} - t + 1}{\mathrm{ItMax}}$．

4. 改进的萤火虫算法的算法流程

根据以上的分析与讨论，下面给出改进的萤火虫算法（firefly algorithm based on gender difference，GDFA）的伪代码描述．

步骤 1　初始化: 种群个数 N_{p}，最大迭代次数 ItMax，$\beta_0=1$，$\gamma=1$，$t=1$.

步骤 2　每只萤火虫的初始位置由式（8-1）随机产生.

步骤 3　计算每只萤火虫的光亮强度，找出当前最优解 $\boldsymbol{g}_{\mathrm{best}}$.

步骤 4　当 $t <=$ ItMax 时

　　% 雄性萤火虫 x_i 位置的更新.

步骤 4.1　对于 $i=1:N_{\mathrm{p}}/2$

　　随机选择两只雌性萤火虫：$\boldsymbol{y}_j$，$\boldsymbol{y}_k$.

　　根据式（8-4）更新 $\boldsymbol{x}_i$ 的位置.

　　如果 $f(\boldsymbol{x}_i^{\mathrm{new}})<f(\boldsymbol{g}_{\mathrm{best}})$

　　　$\boldsymbol{g}_{\mathrm{best}}=\boldsymbol{x}_i^{\mathrm{new}}$

　　%雌性萤火虫 $\boldsymbol{y}_i$ 位置的更新.

步骤 4.2　对于 $i=1:N_{\mathrm{p}}/2$

　　根据式（8-5）更新 $\boldsymbol{y}_i$ 的位置.

　　如果 $f(\boldsymbol{y}_i^{\mathrm{new}})<f(\boldsymbol{g}_{\mathrm{best}})$

　　　$\boldsymbol{g}_{\mathrm{best}}=\boldsymbol{y}_i^{\mathrm{new}}$.

步骤 4.3　对于 $j=1:K$

　　根据式（8-6）～式（8-8），在 $\boldsymbol{g}_{\mathrm{best}}$ 附近利用混沌搜索得到位置 $\boldsymbol{g}'_{\mathrm{best}}$.

　　如果 $f\left(\boldsymbol{g}'_{\mathrm{best}}\right)<f\left(\boldsymbol{g}_{\mathrm{best}}\right)$

　　　$\boldsymbol{g}_{\mathrm{best}}=\boldsymbol{g}'_{\mathrm{best}}$.

步骤 5　$t=t+1$，转步骤 4.

步骤 6　结束，输出最优解 $\boldsymbol{g}_{\mathrm{best}}$.

8.3　收敛性证明

在本节中，通过使用马尔科夫链理论给出改进的萤火虫算法（GDFA）的收敛性证明．在证明之前，先给出一些必要的定义和定理.

8.3.1　定义和定理

定义 8.1　对于改进的萤火虫算法（GDFA），可行解空间定义为 L，第 i 只雄性萤火虫在第 t 次迭代时的状态定义为 $\boldsymbol{m}_i^t=(\boldsymbol{x}_i^{t-1},\boldsymbol{y}_k^{t-1},\boldsymbol{y}_j^{t-1})$，所有的雄性萤火虫状

态组成雄性萤火虫群状态 $\boldsymbol{M}=(\boldsymbol{m}_1,\boldsymbol{m}_2,\cdots,\boldsymbol{m}_{N_\mathrm{p}/2})$. 所以雄性萤火虫的群状态空间可表示为

$$S_1=\{\boldsymbol{M}=(\boldsymbol{m}_1,\boldsymbol{m}_2,\cdots,\boldsymbol{m}_{N_\mathrm{p}/2})\,|\,\boldsymbol{m}_i\in L\}.$$

定义 8.2　第 i 只雌性萤火虫在第 t 次迭代时的状态定义为 $\boldsymbol{e}_i^t=(\boldsymbol{y}_i^{t-1},\boldsymbol{x}_{\mathrm{best}}^{t-1})$，所有的雌性萤火虫状态组成雌性萤火虫群状态 $\boldsymbol{E}=(\boldsymbol{e}_1,\boldsymbol{e}_2,\cdots,\boldsymbol{e}_{N_\mathrm{p}/2})$. 所以雌性萤火虫群状态空间可表示为

$$S_2=\{\boldsymbol{E}=(\boldsymbol{e}_1,\boldsymbol{e}_2,\cdots,\boldsymbol{e}_{N_\mathrm{p}/2})\,|\,\boldsymbol{e}_i\in L\}.$$

定义 8.3　萤火虫群状态定义为 $F=\{\boldsymbol{E},\boldsymbol{M}\}$，萤火虫群状态空间定义为 $S=S_1\cup S_2$.

定义 8.4　萤火虫的最优状态集定义为 $G=\{\boldsymbol{z}\,|\,\forall \boldsymbol{a}\in L, f(\boldsymbol{z})\leqslant f(\boldsymbol{a})\}$.

命题 8.1[108]　改进算法的进化方向是 $f(\boldsymbol{a}_i^{t+1})\leqslant f(\boldsymbol{a}_i^t)$，$\boldsymbol{a}_i\in F_i, i=1,2,\cdots,N_\mathrm{p}$，即 $\{f(\boldsymbol{a}_i^t)\}_{t=0}^{\infty}$ 是下降的.

证明　根据算法过程，所有的萤火虫在更新过它们的位置后，都会在产生的新解和旧解之间进行一个选择，这一操作可保证只有新解比当前的解好才被保留，即

$$f(\boldsymbol{m}_i^{t+1})\leqslant f(\boldsymbol{m}_i^t), t\geqslant 0,\quad f(\boldsymbol{e}_i^{t+1})\leqslant f(\boldsymbol{e}_i^t), t\geqslant 0, i=1,2,\cdots,\frac{N_\mathrm{p}}{2}.$$

所以，在 $t+1$ 次迭代的函数值比第 t 次迭代的函数值要小.

8.3.2　基于马尔科夫链的收敛分析

定义 8.5　对于一个随机过程，如果第 $t+1$ 次的状态转移概率只与第 t 次的状态相关，而与第 t 次之前的状态无关，那么它是一个马尔科夫链. 用数学符号表示如下：令 $\boldsymbol{R}^t, t\geqslant 0$ 表示一个离散随机过程，S 是状态空间，$\boldsymbol{R}^t\subset S$. 对 $\forall t\geqslant 0$ 且 $\boldsymbol{r}\in S$，有 $P\{\boldsymbol{R}^{t+1}=\boldsymbol{r}^{t+1}\,|\,\boldsymbol{R}^0=\boldsymbol{r}^0,\boldsymbol{R}^1=\boldsymbol{r}^1,\cdots,\boldsymbol{R}^t=\boldsymbol{r}^t\}=P\{\boldsymbol{R}^{t+1}=\boldsymbol{r}^{t+1}\,|\,\boldsymbol{R}^t=\boldsymbol{r}^t\}$, 那么 $\{\boldsymbol{R}^t, t\geqslant 0\}$ 是一个马尔科夫链.

命题 8.2[109]　萤火虫群状态序列 $\{F(t)\,|\,t\geqslant 1\}$ 是一个有限的马尔科夫链.

证明　因为种群的个数和迭代次数是有限的，并且可行解空间 L 是有限的，这表明每个个体的状态是有限的，所以萤火虫群状态空间是有限的. 另外，由雄性和雌性萤火虫的更新公式可知，每只萤火虫在第 $t+1$ 次的状态只与第 t 次的状态有关. 因此，状态 $F(t)$ 转移到状态 $F(t+1)$ 只依赖于第 t 次的状态，所以萤火虫群状态序列 $\{F(t)\,|\,t\geqslant 1\}$ 是一个有限的马尔科夫链.

1. 关于雄性萤火虫的随机映射

每只雄性萤火虫随机选择两个雌性萤火虫进行位置更新可以看成一个随机映

射，表示为$T_{\mathrm{m}}:S_1\to L$，转移概率表示为

$$P\left[T_{\mathrm{m}}(\boldsymbol{m}_i^t)=\boldsymbol{m}_i^{\mathrm{new}}\right]=\sum_{e_k,e_j}^{C_{N_{\mathrm{p}}/2}^2}P\left[\boldsymbol{m}_i^t\to(\boldsymbol{e}_k,\boldsymbol{e}_j)\right]\cdot P\left[(\boldsymbol{e}_k,\boldsymbol{e}_j)\to\boldsymbol{m}_i^{\mathrm{new}}\right].\tag{8-9}$$

在搜索过程中，由于新产生的解和旧解中较好的那一个会被选择进入下次迭代，所以满足命题 8.1 中的要求．此过程通过映射表示为$T_{11}:L^2\to L$，选择概率表示为

$$P\left[T_{11}(\boldsymbol{m}_i^t,\boldsymbol{m}_i^{\mathrm{new}})=\boldsymbol{m}_i^{\mathrm{new}}\right]=\begin{cases}1, & f(\boldsymbol{m}_i^{\mathrm{new}})\leqslant f(\boldsymbol{m}_i^t),\\0, & f(\boldsymbol{m}_i^{\mathrm{new}})>f(\boldsymbol{m}_i^t).\end{cases}\tag{8-10}$$

2. 关于雌性萤火虫的随机映射

对于雌性萤火虫，它们受到雄性子群最优个体的引导进行位置更新，进而实现局部搜索．因此，此过程的映射表示为$T_{\mathrm{e}}:S_2\to L$，转移概率表示为

$$P\left[T_{\mathrm{e}}(\boldsymbol{e}_i^t)=\boldsymbol{e}_i^{\mathrm{new}}\right]=P(\boldsymbol{e}_i^t\to\boldsymbol{m}_{\mathrm{best}}^t)\cdot P(\boldsymbol{m}_{\mathrm{best}}^t\to\boldsymbol{e}_i^{\mathrm{new}}).\tag{8-11}$$

为了保证解的质量，选择同样操作应用在雌性萤火虫的更新过程中，相应的映射表示为$T_{12}:L^2\to L$，在新解和旧解间的选择概率为

$$P\left[T_{12}(\boldsymbol{e}_i^t,\boldsymbol{e}_i^{\mathrm{new}})=\boldsymbol{e}_i^{\mathrm{new}}\right]=\begin{cases}1, & f(\boldsymbol{e}_i^{\mathrm{new}})\leqslant f(\boldsymbol{e}_i^t),\\0, & f(\boldsymbol{e}_i^{\mathrm{new}})>f(\boldsymbol{e}_i^t).\end{cases}\tag{8-12}$$

3. 关于混沌搜索过程的随机映射

为了提高解的精度，算法将在当前最优解的周围使用 5 次混沌搜索，这一过程的随机映射定义为$T_{\mathrm{cho}}:F\to L$．在$\boldsymbol{g}_{\mathrm{best}}$和$\boldsymbol{g}_{\mathrm{best}}^{\mathrm{new}}$之间进行的选择操作，这一映射表示为$T_{13}:L^2\to L$．相应地选择概率表示为

$$P\left[T_{13}(\boldsymbol{g}_{\mathrm{best}}^t,\boldsymbol{g}_{\mathrm{best}}^{\mathrm{new}})\right]=\begin{cases}1, & f(\boldsymbol{g}_{\mathrm{best}}^{\mathrm{new}})\leqslant f(\boldsymbol{g}_{\mathrm{best}}^t),\\0, & f(\boldsymbol{g}_{\mathrm{best}}^{\mathrm{new}})>f(\boldsymbol{g}_{\mathrm{best}}^t).\end{cases}\tag{8-13}$$

由以上分析可知，改进的萤火虫算法（GDFA）的更新过程可以表示为如下映射形式：

$$T\left[F(t+1)\right]=T_{\mathrm{m}}\circ T_{11}\circ T_{\mathrm{e}}\circ T_{12}\circ T_{\mathrm{cho}}\circ T_{13}\left[F(t)\right].\tag{8-14}$$

其中，$\circ$表示函数的复合运算．

定义 8.6[110]　假设萤火虫的初始解分布为$F(0)=S(0)\in L$，则

$$\lim_{t\to\infty}P\{F(t)\in G\mid F(0)=S(0)\}=1.$$

如果$\lim\limits_{t\to\infty}P\{F(t)\cap G\neq\varnothing\mid F(0)=S(0)\}=1$，则表明算法依概率弱收敛到全局最优解集．

命题 8.3　改进的萤火虫算法（GDFA）能够依概率 1 收敛到全局最优解

集，即

$$\lim_{t\to\infty} P\{F(t+1)\subset G\}=1.$$

证明　当计算 $F(t+1)\subset G$ 的概率时需要考虑两种情况，一种是 $F(t)$ 已经进入到全局最优解集 G，此时一定有 $F(t+1)\subset G$，另一种情况是 $F(t)$ 没有进入到全局最优解集 G. 所以概率的计算如下：

$$\begin{aligned}
&P\{F(t+1)\subset G\}\\
&=P\{F(t)\subset G\}\cdot P\{F(t+1)\subset G\mid F(t)\subset G\}\\
&\quad+P\{F(t)\not\subset G\}\cdot P\{F(t+1)\subset G\mid F(t)\not\subset G\}\\
&=P\{F(t)\subset G\}\cdot P\{F(t+1)\subset G\mid F(t)\subset G\}\\
&\quad+(1-P\{F(t)\subset G\})\cdot P\{F(t+1)\subset G\mid F(t)\not\subset G\}\\
&=P\{F(t)\subset G\}+(1-P\{F(t)\subset G\})\cdot P\{F(t+1)\subset G|F(t)\not\subset G\}.
\end{aligned}$$

由于概率值是非负数且小于等于 1，所以存在一个非负小数 $u(t)$，满足

$$0\leqslant u(t)\leqslant P\{F(t+1)\subset G\mid F(t)\not\subset G\},$$

且

$$\lim_{t\to\infty}\prod_{t=1}^{n}[1-u(t)]=0.$$

因此，有

$$\begin{aligned}
&P\{F(t+1)\subset G\}\\
&=P\{F(t)\subset G\}+(1-P\{F(t)\subset G\})\cdot P\{F(t+1)\subset G\mid F(t)\not\subset G\}\\
&\geqslant P\{F(t)\subset G\}+u(t)(1-P\{F(t)\subset G\}).
\end{aligned}$$

用 1 减去上述不等式的两边，有

$$\begin{aligned}
&1-P\{F(t+1)\subset G\}\\
&\leqslant 1-P\{F(t)\subset G\}-u(t)(1-P\{F(t)\subset G\})\\
&=[1-u(t)](1-P\{F(t)\subset G\})\\
&\leqslant[1-u(t)][1-u(t-1)](1-P\{F(t-1)\subset G\})\\
&\leqslant[1-u(t)][1-u(t-1)][1-u(t-2)](1-P\{F(t-2)\subset G\})\\
&\leqslant[1-u(t)][1-u(t-1)]\cdots[1-u(0)](1-P\{F(0)\subset G\})\\
&=\prod_{i=0}^{t}[1-u(i)](1-P\{F(0)\subset G\}).
\end{aligned}$$

对上面的不等式取极值，并由极限的保不等式性，可知

$$\lim_{t\to\infty}(1-P\{F(t+1)\subset G\})\leqslant\lim_{t\to\infty}\left(\prod_{i=1}^{t}[1-u(i)]\cdot(1-P\{F(0)\subset G\}\right)=0.$$

从而有

$$\lim_{t\to\infty}(1-P\{F(t+1)\subset G\})\geqslant 1.$$

由概率的性质，易知

$$\lim_{t\to\infty} P\{F(t+1)\subset G\} \leqslant 1.$$

综上可知

$$1 \leqslant \lim_{t\to\infty} P\{F(t+1)\subset G\} \leqslant 1.$$

也即

$$\lim_{t\to\infty} P\{F(t+1)\subset G\} = 1.$$

8.4　试验比较与分析

为了验证 GDFA 的性能，本章给出两个比较试验．在试验 1 中，GDFA、FA 和两个其他改进的萤火虫算法（NaFA、NTSFA）在 23 个基准函数上进行测试比较．在试验 2 中，GDFA 和一些其他的改进算法进行比较．

8.4.1　试验 1：GDFA 和其他三个萤火虫算法的性能比较

在本小节中，GDFA、FA[77]、NaFA[93]和 NTSFA[111]在 23 个测试函数上进行比较，以所得结果的最小值（Min），平均值（Mean）和标准差（Std）作为评判准则. 在这 23 个测试函数中，$f_1 \sim f_8$ 是连续单峰函数，f_9 是不连续阶跃函数，f_{10} 是噪声函数，$f_{11} \sim f_{23}$ 是多峰函数．这些函数的搜索范围及最优值如表 8.1 所示，测试函数的维度分别设置为 30 和 100.

表 8.1　试验 1 的 23 个测试函数

函数	区间	最优值
$f_1 = \sum_{i=1}^{n} x_i^2$	[−100,100]	0
$f_2 = \sum_{i=1}^{n} \lvert x_i \rvert + \prod_{i=1}^{n} \lvert x_i \rvert$	[−10,10]	0
$f_3 = \sum_{i=1}^{n} \left(\sum_{j=1}^{i} x_j \right)^2$	[−100,100]	0
$f_4 = \max\{\lvert x_i \rvert, 1 \leqslant i \leqslant n\}$	[−100,100]	0
$f_5 = \sum_{i=1}^{n} i x_i^2$	[−10,10]	0
$f_6 = \sum_{i=1}^{n} i x_i^4$	[−1.28,1.28]	0
$f_7 = \sum_{i=1}^{n} \lvert x_i \rvert^{i+1}$	[−1,1]	0
$f_8 = \sum_{i=1}^{n} (10^6)^{\frac{i-1}{n-1}} x_i^2$	[−100,100]	0

续表

函数	区间	最优值
$f_9=\sum_{i=1}^{n}(\lfloor x_i+0.5\rfloor)^2$	[−1.28,1.28]	0
$f_{10}=\sum_{i=1}^{n}ix_i^4+\text{rand}[0,1)$	[−1.28,1.28]	0
$f_{11}=\sum_{i=1}^{n}[x_i^2-10\cos(2\pi x_i)+10]$	[−5.12,5.12]	0
$f_{12}=-20\exp\left(-0.2\sqrt{\sum_{i=1}^{n}\frac{x_i^2}{n}}\right)-\exp\left[\frac{1}{n}\sum_{i=1}^{n}\cos(2\pi x_i)\right]+20+\mathrm{e}$	[−32,32]	0
$f_{13}=\frac{1}{4000}\sum_{i=1}^{n}x_i^2-\prod_{i=1}^{n}\cos\left(\frac{x_i}{\sqrt{i}}\right)+1$	[−600,600]	0
$f_{14}=0.5+\frac{\sin\left(\sqrt{\sum_{i=1}^{n}x_i^2}\right)^2-0.5}{\left(1+0.001\sum_{i=1}^{n}x_i^2\right)^2}$	[−100,100]	0
$f_{15}=\frac{\sum_{i=1}^{n}(x_i^4-16x_i^2+5x_i)}{n}$	[−5,5]	0
$f_{16}=\sum_{i=1}^{n}\lvert x_i\sin(x_i)+0.1x_i\rvert$	[−10,10]	0
$f_{17}=\begin{cases}\sum_{i=1}^{n}[x_i^2-10\cos(2\pi x_i)+10], & \lvert x_i\rvert<0.5,\\ \sum_{i=1}^{n}\left\{\left[\frac{\text{rand}(2x_i)}{2}\right]^2-10\cos[\pi\text{rand}(2x_i)]+10\right\}, & \lvert x_i\rvert\geqslant 0.5\end{cases}$	[−5.12,5.12]	−78.3333
$f_{18}=\frac{\pi}{n}10\sin^2(\pi y_1)+\frac{\pi}{n}\left(\sum_{i=1}^{n-1}y_i-1\right)^2[1+10\sin^2(\pi y_{i+1})]+\frac{\pi}{n}(y_n-1)^2+\sum_{i=1}^{n}u(x_i,10,100,4)$ $y_i=1+\frac{x_i+1}{4}$，$u(x_i,a,k,m)=\begin{cases}k(x_i-a)^m, & x_i>a,\\ 0, & -a\leqslant x_i\leqslant a,\\ k(-x_i-a)^m, & x_i<-a\end{cases}$	[−50,50]	0
$f_{19}=418.98288727243369n-\sum_{i=1}^{n}x_i\sin\left(\sqrt{\lvert x_i\rvert}\right)$	[−500,500]	0
$f_{20}=\sum_{i=1}^{n-1}\left[100(x_{i+1}-x_i^2)^2+(x_i-1)^2\right]$	[−30,30]	0
$f_{21}=-\exp\left[-0.5\left(\sum_{i=1}^{n}x_i^2\right)\right]$	[−100,100]	−1
$f_{22}=\sum_{i=1}^{n}\left(10^{\frac{i-1}{n-1}}x_i\right)^2-10\cos\left(2\pi 10^{\frac{i}{n-1}}x_i\right)+10$	[−5.12,5.12]	0
$f_{23}=\sum_{i=1}^{n}\left(1000^{\frac{i-1}{n-1}}x_i\right)^2-10\cos\left(2\pi 1000^{\frac{i-1}{n-1}}x_i\right)+10$	[−5.12,5.12]	0

1. 参数试验与设置

参数在算法中起着重要的作用，不同的参数可能对算法产生不同的影响．在改进的算法中，β_0和γ这两个参数需要设置合适的初始值．为了确定出比较合适的β_0和γ，本小节选取 11 组不同的值进行试验，使用所得结果的平均值和标准差来验证 GDFA 的性能．从表 8.2 和表 8.3 中可以看到，除了f_{11}, f_{17}, f_{19}，GDFA 在这 11 组值上的结果差别不大．当$\beta_0 = 1$，$\gamma \in [0.7, 1.0]$时，算法的搜索效率是最高的．因此，我们将β_0和γ的初始值都设置为 1．同时，为公平起见，试验 1 中的每个算法都独立运行 30 次，种群的规模为 40，最大迭代次数为算法的停止准则，大小设置为 2500．比较算法中所需的其他参数与相应文章的设置保持一致，如表 8.4 所示．

表 8.2　不同β_0和γ值在 30 维上的测试结果（一）

函数	$\beta_0=1.0$，$\gamma=0.9$	$\beta_0=1.0$，$\gamma=0.8$	$\beta_0=1.0$，$\gamma=0.7$	$\beta_0=1.0$，$\gamma=0.6$	$\beta_0=1.0$，$\gamma=0.5$
f_1	0(0)	0(0)	0(0)	0(0)	0(0)
f_2	0(0)	0(0)	0(0)	0(0)	0(0)
f_3	0(0)	0(0)	0(0)	0(0)	0(0)
f_4	0(0)	0(0)	0(0)	0(0)	0(0)
f_5	0(0)	0(0)	0(0)	0(0)	0(0)
f_6	0(0)	0(0)	0(0)	0(0)	0(0)
f_7	0(0)	0(0)	0(0)	0(0)	0(0)
f_8	0(0)	0(0)	0(0)	0(0)	0(0)
f_9	0(0)	0(0)	0(0)	0(0)	0(0)
f_{10}	6.9160e−05 (6.4198e−05)	6.2573e−05 (6.5732e−05)	6.0628e−05 (6.8556e−05)	6.9420e−05 (6.2780e−05)	6.3380e−05 (6.8817e−05)
f_{11}	0(0)	0(0)	0(0)	0(0)	0(0)
f_{12}	−8.8818e−16(0)	−8.8818e−16(0)	−8.8818e−16(0)	−8.8818e−16(0)	−8.8818e−16(0)
f_{13}	0(0)	0(0)	0(0)	0(0)	0(0)
f_{14}	7.6287e−05 (2.0039e−05)	1.9229e−05 (3.0968e−05)	6.4759e−05 (1.8949e−04)	5.5236e−05 (1.0317e−04)	3.3171e−05 (4.9488e−05)
f_{15}	−78.3323(1.498e−14)	−78.3323(1.498e−14)	−78.3323(1.498e−14)	−78.3323(1.498e−14)	−78.3323(1.498e−14)
f_{16}	1.0408e−16 (1.0971e−16)	8.3267e−16 (1.0750e−16)	1.0408e−16 (1.0971e−16)	1.0408e−16 (1.0971e−16)	8.3267e−16 (1.0750e−16)
f_{17}	0(0)	0(0)	0(0)	0(0)	4.8120e−05 (1.5217e−05)
f_{18}	1.5705e−32 (2.8850e−48)	1.5705e−32 (2.8850e−48)	1.5705e−32 (2.8850e−48)	1.5705e−32 (2.8850e−48)	1.5705e−32 (2.8850e−48)
f_{19}	−3.6380e−12(0)	−3.6380e−12(0)	−3.6380e−12(0)	6.6988e−08 (2.1185e−07)	1.2032e−07 (3.8051e−07)

续表

函数	$\beta_0=1.0$，$\gamma=0.9$	$\beta_0=1.0$，$\gamma=0.8$	$\beta_0=1.0$，$\gamma=0.7$	$\beta_0=1.0$，$\gamma=0.6$	$\beta_0=1.0$，$\gamma=0.5$
f_{20}	0(0)	0(0)	0(0)	0(0)	0(0)
f_{21}	−1(1.4035e−04)	−1(2.4111e−04)	−1(1.2645e−04)	−1(6.4035e−04)	−1(6.4035e−04)
f_{22}	0(0)	0(0)	0(0)	0(0)	0(0)
f_{23}	0(0)	0(0)	0(0)	0(0)	0(0)

表 8.3　不同 β_0 和 γ 值在 30 维上的测试结果（二）

函数	$\beta_0=0.9$，$\gamma=1.0$	$\beta_0=0.8$，$\gamma=1.0$	$\beta_0=0.7$，$\gamma=1.0$	$\beta_0=0.6$，$\gamma=1.0$	$\beta_0=0.5$，$\gamma=1.0$	$\beta_0=1.0$，$\gamma=1.0$
f_1	0(0)	0(0)	0(0)	0(0)	0(0)	0(0)
f_2	0(0)	0(0)	0(0)	0(0)	0(0)	0(0)
f_3	0(0)	0(0)	0(0)	0(0)	0(0)	0(0)
f_4	0(0)	0(0)	0(0)	0(0)	0(0)	0(0)
f_5	0(0)	0(0)	0(0)	0(0)	0(0)	0(0)
f_6	0(0)	0(0)	0(0)	0(0)	0(0)	0(0)
f_7	0(0)	0(0)	0(0)	0(0)	0(0)	0(0)
f_8	0(0)	0(0)	0(0)	0(0)	8.8703e−18 (2.8051e−17)	0(0)
f_9	0(0)	0(0)	0(0)	0(0)	0(0)	0(0)
f_{10}	6.3530e−05 (6.6469e−05)	6.7788e−05 (6.3769e−05)	6.1477e−05 (6.3676e−05)	6.4607e−05 (6.8376e−05)	6.9424e−05 (6.7976e−05)	6.5650e−05 (6.4417e−05)
f_{11}	0(0)	0(0)	3.9807e−06 (1.1343e−05)	2.1324e−06 (5.4774e−06)	3.5051e−06 (1.1050e−05)	0(0)
f_{12}	−8.8818e−16(0)	−8.8818e−16(0)	−8.8818e−16(0)	−8.8818e−16(0)	−8.8818e−16(0)	−8.8818e−16(0)
f_{13}	0(0)	0(0)	0(0)	0(0)	0(0)	0(0)
f_{14}	3.3171e−05 (4.9488e−05)	2.1024e−05 (4.4207e−05)	2.6090e−05 (4.5609e−05)	5.1644e−05 (6.4129e−05)	9.9078e−06 (2.2019e−05)	2.8587e−05 (6.2841e−05)
f_{15}	−78.3323 (1.4980e−14)	−78.3323 (1.4980e−14)	−78.3323 (1.4454e−14)	−78.3323 (1.4454e−14)	−78.3323 (1.4454e−14)	−78.3323 (1.4454e−14)
f_{16}	8.3267e−16 (1.0750e−16)	1.6653e−16 (8.7771e−16)	1.2490e−16 (1.0750e−16)	1.2490e−16 (1.0750e−16)	1.4572e−16 (1.0055e−16)	1.1796e−16 (1.0492e−16)
f_{17}	0(0)	0(0)	2.8608e−05 (4.0669e−05)	8.9919e−06 (2.8435e−05)	3.4954e−07 (1.1054e−06)	0(0)
f_{18}	1.5705e−32 (2.8850e−48)	1.5705e−32 (2.8850e−48)	1.5705e−32 (2.8850e−48)	1.5705e−32 (2.8850e−48)	1.5705e−32 (2.8850e−48)	1.5705e−32 (2.8850e−48)
f_{19}	4.9593e−06 (1.5683e−05)	1.7406e−05 (5.5041e−05)	−3.6380e−12(0)	2.8291e−06 (5.9731e−06)	4.5760e−09 (1.3948e−08)	−3.6380e−12(0)
f_{20}	0(0)	0(0)	0(0)	0(0)	0(0)	0(0)
f_{21}	−1(1.4035e−04)	−1(1.4035e−04)	−1(3.4055e−04)	−1(3.5985e−04)	−1(6.4035e−04)	−1(1.4035e−04)
f_{22}	0(0)	0(0)	0(0)	0(0)	0(0)	0(0)
f_{23}	0(0)	0(0)	0(0)	0(0)	0(0)	0(0)

表 8.4　不同算法中的参数设置

算法	参数设置	文献出处
GDFA	$\beta_0=1.0$, $\gamma=1.0$	
FA	$\alpha=0.2$, $\beta_0=1.0$, $\gamma=1.0$	[77]
NaFA	$\beta_0=1.0$, $\gamma=1.0$	[96]
NTSFA	$\alpha=0.5$, $\beta_{\min}=0.2$, $\beta_0=1.0$, $\gamma=1.0$	[111]
IMSaDE	$F_u=0.9$, $F_l=0.1$, $\mathrm{CR}_u=1.0$, $\mathrm{CR}_l=0.3$, ST=3	[112]
HSSA	HMSR=0.9，RAP=0.3，BW=0.001， $\alpha=0.99$, $L=3\times D$	[113]
AGA	$P_{\mathrm{GBC}}=0.9$, $P_{\mathrm{QSSM}}=0.1$	[114]
H-PSO-SCAC	$\delta=0.5$, $\partial=2$	[108]

2. 结果分析

GDFA、FA、NaFA 和 NTSFA 这四种算法的比较结果如表 8.5 和表 8.6 所示. 在 30 维函数上测试时，GDFA 在 10 个单峰函数中大部分函数上的性能优于其他三个比较算法. 对于 f_1，GDFA 和 NaFA 都能找到函数的最小值，并且比 FA 和 NTSFA 的性能好. 对于 f_9，GDFA 和三个比较算法都能找到函数的最优值. GDFA 只有在函数 f_{10} 上不如 NTSFA，其他 9 个函数的全局最优值都可以被找到，这表明 GDFA 在单峰函数上有很强的搜索能力. 当算法在多峰函数上比较时，GDFA 在 f_{11}，f_{12}，f_{14}～f_{23} 上的性能优于三个比较算法. 对于 f_{13}，GDFA、NTSFA 和 NaFA 有相同的求解精度，并且优于 FA. GDFA 和 NTSFA 在 f_{20} 上的求解精度最高. 虽然 GDFA 在 f_{21} 上求得的标准差较大，但是当其他三个算法找到函数的近似最优解时，GDFA 能够达到函数的全局最优. 随着函数变得越来越复杂，当比较算法在一些函数上陷入局部最优时，如函数 f_{11} 和函数 f_{14}，GDFA 仍然能够在 13 个多峰函数上找到 10 个函数的全局最优值. 对于 f_{12}，f_{18} 和 f_{19}，虽然 GDFA 没有能够找到它们的全局最优值，但是算法的搜索精度仍然是最高的.

在 100 维函数上进行测试时，GDFA 仍然能在 9 个单峰函数上找到它们的全局最优值，对于 f_1，GDFA 和 NaFA 都能达到函数最小值，但是在均值和标准差上 GDFA 的性能更好，这意味着 GDFA 的鲁棒性比 NaFA 的强. 在求解 f_9 时，GDFA、NTSFA 和 FA 有相同的搜索效果. 当考虑多峰函数时，GDFA 的性能均优于其他三个比较算法. 从表 8.6 中可知，虽然函数的维度增加到 100 维，但是 GDFA 仍然可以在多峰函数上找到函数的全局最优值，并且 GDFA 的求解精度并没有随着维度的增加而降低. 因此，和三个算法相比，GDFA 有更强的搜索效率.

表 8.5　GDFA、NTSFA、NaFA 和 FA 在 30 维上的性能结果比较

函数	算法	最小值	均值	标准差	时间/s
f_1	GDFA	**0**	**0**	**0**	24.0
	NTSFA	1.2478e−09	3.1708e−09	8.3566e−10	352.9
	NaFA	**0**	**0**	**0**	3.0
	FA	6.0208e+03	7.5404e+03	6.0806e+02	370.6
f_2	GDFA	**0**	**0**	**0**	21.9
	NTSFA	1.7464e−04	2.4265e−04	3.4704e−05	368.6
	NaFA	1.5975e+01	2.1033e+01	3.0815	2.8
	FA	3.4149e+01	3.8360e+01	2.1495	393.6
f_3	GDFA	**0**	**0**	**0**	25.9
	NTSFA	5.6648e−07	1.4837e−06	6.1332e−07	414.6
	NaFA	1.6701e+03	3.6246e+03	1.2517e+03	3.7
	FA	2.4468e+03	3.8792e+03	6.1822e+02	435.1
f_4	GDFA	**0**	**0**	**0**	22.8
	NTSFA	2.0234e−05	3.3112e−05	6.2228e−06	374.3
	NaFA	1.5139e+01	2.3355e+01	3.7856	1.0
	FA	1.3708e+01	1.6164e+01	1.0626	393.4
f_5	GDFA	**0**	**0**	**0**	22.0
	NTSFA	4.0196e−08	1.0051e−07	5.3209e−08	385.5
	NaFA	1.9247e+02	3.7751e+02	1.0155e+02	2.8
	FA	2.1868e+02	2.5226e+02	1.9567e+01	372.9
f_6	GDFA	**0**	**0**	**0**	25.4
	NTSFA	8.8543e−18	3.1821e−17	2.0075e−17	581.8
	NaFA	6.7900e−02	3.1950e−02	2.4330e−02	4.0
	FA	6.4500e−02	9.7200e−02	1.8100e−02	566.0
f_7	GDFA	**0**	**0**	**0**	24.7
	NTSFA	1.5199e−10	8.4230e−10	6.1972e−10	667.2
	NaFA	4.9884e−07	1.6561e−04	3.1999e−04	3.3
	FA	2.6083e−06	9.3201e−06	4.2166e−06	633.0
f_8	GDFA	**0**	**0**	**0**	34.0
	NTSFA	6.9041e+03	2.4458e+04	1.3556e+04	564.1
	NaFA	1.3407e+03	5.1445e+03	3.3806e+03	4.0
	FA	1.4236e+07	2.4894e+07	4.9972e+06	580.2
f_9	GDFA	**0**	**0**	**0**	23.2
	NTSFA	**0**	**0**	**0**	0.5
	NaFA	**0**	**0**	**0**	0.4
	FA	**0**	**0**	**0**	0.7

续表

函数	算法	最小值	均值	标准差	时间/s
f_{10}	GDFA	1.3548e−05	6.5650e−05	6.4417e−05	34.9
	NTSFA	**4.6722e−06**	**1.0000e−06**	**3.8660e−05**	587.8
	NaFA	7.8700e−02	4.3620e−01	3.6111e−01	94.2
	FA	1.3560e−01	1.9450e−01	2.9900e−02	577.0
f_{11}	GDFA	**0**	**0**	**0**	22.7
	NTSFA	3.3828e+01	5.0809e+01	1.1425e+01	379.7
	NaFA	9.9704e+01	1.2734e+02	1.6238e+01	3.6
	FA	1.3592e+02	1.6112e+02	1.0649e+01	373.2
f_{12}	GDFA	**−8.8818e−16**	**−8.8818e−16**	**0**	21.6
	NTSFA	1.1829e+01	1.3941e+01	9.3540e−01	395.2
	NaFA	8.0001	1.0366e+01	1.1516	3.5
	FA	8.6664	9.5633	3.3750e−01	407.8
f_{13}	GDFA	**0**	**0**	**0**	22.4
	NTSFA	**0**	**0**	**0**	436.8
	NaFA	**0**	**0**	**0**	22.6
	FA	9.9380e−01	9.9860e−01	1.6000e−03	456.4
f_{14}	GDFA	**0**	**2.8587e−05**	**6.2841e−05**	22.4
	NTSFA	4.7160e−01	4.8440e−01	6.8000e−03	403.1
	NaFA	4.5180e−01	4.0270e−01	1.1100e−02	29.8
	FA	4.5190e−01	4.5950e−01	4.6000e−03	406.6
f_{15}	GDFA	**−7.8332e+01**	**−7.8332e+01**	**1.4454e−14**	33.1
	NTSFA	−7.0793e+01	−6.7337e+01	2.2183	567.5
	NaFA	−4.7982e+01	−4.2850e+01	2.3609	4.8
	FA	−6.8178e+01	−6.4681e+01	2.2244	568.9
f_{16}	GDFA	**0**	**1.1796e−16**	**1.0492e−16**	23.3
	NTSFA	1.1100e−02	1.8000e−02	4.3000e−03	389.0
	NaFA	9.0158	1.2710e+01	2.3670	3.2
	FA	8.9929	1.1591e+01	9.4360e−01	390.4
f_{17}	GDFA	**0**	**0**	**0**	25.8
	NTSFA	2.6000e+01	5.4667e+01	1.5185e+01	485.2
	NaFA	5.0174e+01	8.2870e+01	1.6103e+01	8.5
	FA	9.0638e+01	1.2157e+02	8.5194	454.9
f_{18}	GDFA	**1.5705e−32**	**1.5705e−32**	**2.8850e−48**	52.1
	NTSFA	2.2553e−11	1.4247e+01	9.5697	843.0
	NaFA	1.1375e+01	6.2711e+03	1.2554e+04	&6.4
	FA	1.0887e+01	1.6046e+01	2.2027	950.2

续表

函数	算法	最小值	均值	标准差	时间/s
f_{19}	GDFA	**−3.6380e−12**	**−3.6380e−12**	**0**	24.2
	NTSFA	4.3860e+03	7.2738e+03	1.3981e+03	407.9
	NaFA	7.8387e+03	8.7016e+03	4.4472e+02	4.0
	FA	5.4396e+03	6.2643e+03	4.4453e+02	447.0
f_{20}	GDFA	**0**	**0**	**0**	24.0
	NTSFA	9.1366	1.2626e+01	1.0415e+01	365.2
	NaFA	7.6790e+02	6.8165e+03	3.9679e+03	2.7
	FA	1.3563e+05	2.0696e+05	3.8327e+04	361.2
f_{21}	GDFA	**−1**	**−1**	**1.4035e−04**	22.2
	NTSFA	0	0	0	0.3
	NaFA	0	0	0	0.3
	FA	0	0	0	0.3
f_{22}	GDFA	**0**	**0**	**0**	49.2
	NTSFA	1.1238e+01	4.7629e+01	1.7806e+01	853.7
	NaFA	1.6619e+02	2.6948e+02	4.6527e+01	8.1
	FA	2.8777e+02	3.1198e+02	1.1336e+01	876.2
f_{23}	GDFA	**0**	**0**	**0**	48.4
	NTSFA	1.5953e+02	3.8447e+02	1.4244e+02	889.0
	NaFA	3.5498e+04	1.1218e+03	5.2833e+03	5.7
	FA	4.7880e+04	6.1198e+04	1.1251e+04	862.0

表 8.6　GDFA、NTSFA、NaFA 和 FA 在 100 维上的性能结果比较

函数	算法	最小值	均值	标准差	时间/s
f_1	GDFA	**0**	**0**	**0**	32.6
	NTSFA	1.0942e−07	1.4902e−07	2.3197e−08	441.8
	NaFA	**0**	1.5460e−03	2.2766e−02	6.5
	FA	1.6644e+04	1.8478e+04	1.0899e+03	479.3
f_2	GDFA	**0**	**0**	**0**	28.5
	NTSFA	2.8000e−03	3.4000e−03	3.2645e−04	448.2
	NaFA	8.5419e+01	9.6911e+01	6.3816	3.8
	FA	1.0541e+02	1.1257e+02	5.2426	455.7
f_3	GDFA	**0**	**0**	**0**	49.9
	NTSFA	6.6000e−03	1.1200e−02	3.1000e−03	809.4
	NaFA	2.2277e+03	3.8305e+03	1.3894e+03	8.7
	FA	8.6654e+04	9.7790e+04	8.0990e+03	908.4

续表

函数	算法	最小值	均值	标准差	时间/s
f_4	GDFA	**0**	**0**	**0**	39.7
	NTSFA	9.5753	1.5449e+01	3.0892	468.2
	NaFA	2.4253e+01	3.0800e+01	3.4070	1.4
	FA	3.4602e+01	3.8685e+01	2.9407	457.5
f_5	GDFA	**0**	**0**	**0**	27.2
	NTSFA	3.4860e−05	6.1281e−04	6.1529e−04	470.0
	NaFA	5.0159e+03	7.5398e+03	1.1861e+03	3.9
	FA	7.2768e+03	8.5129e+03	4.9833e+02	630.0
f_6	GDFA	**0**	**0**	**0**	40.5
	NTSFA	5.8101e−14	1.4738e−13	5.8364e−14	1119.1
	NaFA	3.2617	8.3841	3.0017	7.9
	FA	9.1621	1.2255e+01	1.9580	1088.0
f_7	GDFA	**0**	**0**	**0**	40.2
	NTSFA	2.5378e−10	2.5217e−09	1.5746e−09	1185.3
	NaFA	7.4586e−08	1.4101e−05	2.5369e−04	7.0
	FA	4.2914e−06	2.9346e−05	1.6254e−05	1189.7
f_8	GDFA	**0**	**0**	**0**	71.7
	NTSFA	1.2203e+05	2.8134e+05	6.7246e+04	1098.4
	NaFA	2.6630e+03	5.6380e+03	1.6745e+03	7.7
	FA	3.9782e+08	4.8669e+08	4.0590e+07	1197.4
f_9	GDFA	**0**	**0**	**0**	35.2
	NTSFA	**0**	**0**	**0**	3.37
	NaFA	1.8000e+01	2.4663e+01	3.0708	0.5
	FA	**0**	**0**	**0**	18.9
f_{10}	GDFA	**4.3043e−05**	**6.2825e−05**	**5.4785e−05**	77.5
	NTSFA	8.2000e−03	1.5700e−02	3.7000e−03	1174.2
	NaFA	3.6821	9.2551	3.2243	189.4
	FA	9.1160	1.2148e+01	1.5717	1246.8
f_{11}	GDFA	**0**	**0**	**0**	36.2
	NTSFA	1.3830e+02	2.0290e+02	3.6582e+01	579.2
	NaFA	6.3174e+02	6.9293e+03	3.0221e+01	6.1
	FA	8.5224e+02	8.9686e+02	2.3437e+01	612.0
f_{12}	GDFA	**−8.8818e−16**	**−8.8818e−16**	**0**	29.4
	NTSFA	1.5214e+01	1.5970e+01	3.6620e−01	572.6
	NaFA	1.1925e+01	1.2660e+01	4.7300e−01	4.8
	FA	1.2766e+01	1.3333e+01	2.3430e−01	656.8

续表

函数	算法	最小值	均值	标准差	时间/s
f_{13}	GDFA	**0**	**0**	**0**	31.0
	NTSFA	1	1	0	707.1
	NaFA	1	1	0	0.7
	FA	1	1	1.9894e−10	752.7
f_{14}	GDFA	**0**	**5.7710e−05**	**4.7484e−05**	28.1
	NTSFA	4.9850e−01	4.9940e−01	2.7422e−04	481.6
	NaFA	4.9740e−01	4.9850e−01	4.3778e−04	45.7
	FA	1.9900e−01	4.9940e−01	1.3657e−04	475.6
f_{15}	GDFA	**−7.8332e+01**	**−7.8332e+01**	**1.8580e−14**	68.3
	NTSFA	−6.8154e+01	−6.5854e+01	1.2262	1135.2
	NaFA	−3.9142e+01	−3.4782e+01	1.7311	9.9
	FA	−5.7826e+01	−5.4288e+01	1.5525	1120.9
f_{16}	GDFA	**0**	**4.1633e−16**	**3.4575e−16**	29.2
	NTSFA	1.2100e−01	1.8170e−01	3.7600e−02	531.3
	NaFA	5.5984e+01	6.4441e+01	4.8336	4.1
	FA	6.9678e+01	7.6515e+01	3.2412	596.6
f_{17}	GDFA	**0**	**0**	**0**	37.0
	NTSFA	1.5800e+02	2.1137e+02	3.3678e+01	602.5
	NaFA	5.1933e+02	6.0257e+02	4.1438e+01	5.5
	FA	7.7077e+02	8.2323e+02	3.0861e+01	654.0
f_{18}	GDFA	**4.7116e−33**	**4.7116e−33**	**1.3918e−48**	108.9
	NTSFA	1.4328e+01	2.3054e+01	4.6635	1892.3
	NaFA	6.6854e+03	2.8317e+05	3.2283e+05	10.9
	FA	3.3423e+05	9.9660e+05	4.4982e+05	2021.0
f_{19}	GDFA	**9.4587e−11**	**9.4587e−11**	**0**	37.4
	NTSFA	1.7397e+04	2.4508e+04	3.6897e+03	592.5
	NaFA	3.7473e+04	3.3934e+04	1.0018e+03	5.5
	FA	2.9784e+04	3.1250e+04	6.2389e+02	682.2
f_{20}	GDFA	**0**	**0**	**0**	27.6
	NTSFA	8.5474e+01	9.9760e+01	2.4901e+01	445.9
	NaFA	2.7557e+03	5.6504e+03	1.8319e+03	3.8
	FA	6.1538e+06	7.8970e+06	9.4935e+05	518.8
f_{21}	GDFA	**−1**	**−0.9999**	**1.5011e−04**	28.5
	NTSFA	0	0	0	1.3
	NaFA	0	0	0	0.6
	FA	0	0	0	1.2

续表

函数	算法	最小值	均值	标准差	时间/s
f_{22}	GDFA	**0**	**0**	**0**	122.7
	NTSFA	1.4537e+02	2.3161e+02	4.2551e+01	2066.1
	NaFA	1.2618e+03	1.4765e+03	1.4843e+02	16.7
	FA	1.7138e+03	1.8315e+03	7.2644e+01	2078.7
f_{23}	GDFA	**0**	**0**	**0**	88.5
	NTSFA	2.4154e+03	4.0616e+03	8.7999e+02	1423.3
	NaFA	6.6157e+05	1.3948e+06	5.5225e+05	10.4
	FA	1.0050e+06	1.2436e+06	1.1434e+05	1447.8

由以上分析可知，GDFA 和 NTSFA、NaFA、FA 这三个算法进行比较时，它的求解精度更高且不易陷入局部最优，并且 GDFA 能够在 23 个测试函数上找到 19 个函数的最优值，这一结果表明改进的算法能够有效地平衡全局搜索和局部搜索，并提高搜索能力.

8.4.2 试验 2：GDFA 和一些其他算法的比较分析

在本小节中，GDFA 和 IMSaDE[112]、H-PSO-SCAC[108]、HSSA[113]、AGA[114] 这四个算法进行比较. 每个算法独立运行 30 次，种群的大小为 40，最大迭代次数为 2000. 同时，为公平起见，比较算法中所需的其他参数与各自文章的设置保持一致，如表 8.4 所示. 我们选择 20 个函数进行测试，其中 $f_1 \sim f_4$ 为 4 个单峰函数，$f_5 \sim f_{13}$ 为 9 个多峰函数，$f_{14} \sim f_{20}$ 为 7 个多峰旋转和平移函数. 变量的取值范围和函数的最优值在表 8.7 中给出，搜索空间的维度设置为 60.

表 8.7 试验 2 的 20 个测试函数

函数	区间	最优值
$f_1 = \sum_{i=1}^{n}([x_i + 0.5])^2$	[−1.28,1.28]	0
$f_2 = \sum_{i=1}^{n-1}\left\{100(x_{i+1} - x_i^2)^2 + (x_i - 1)^2\right\}$	[−30,30]	0
$f_3 = \sum_{i=1}^{n}(x_i^2) + \sum_{i=1}^{n}(0.5ix_i)^2 + \sum_{i=1}^{n}(0.5ix_i)^4$	[−5,10]	0
$f_4 = (x_1 - 1)^2 + \sum_{i=1}^{n} i(2x_i^2 - x_{i-1})^2$	[−10,10]	0
$f_5 = \sum_{i=1}^{n}[x_i^2 - 10\cos(2\pi x_i) + 10]$	[−5.12,5.12]	0
$f_6 = \sum_{i=1}^{n}\left(\sum_{k=0}^{k\max}\left\{a^k \cos\left[2\pi b^k (x_i + 0.5)\right]\right\}\right) - n\sum_{k=0}^{k\max}\left[a^k \cos(\pi b^k)\right]$ $a = 0.5$，$b = 3$，$k\max = 20$	[−0.5,0.5]	0

续表

函数	区间	最优值
$f_7=\sin(\pi x_1)^2+\sum_{i=1}^{n-1}(x_i-1)^2\left[1+10\sin(\pi x_i+1)^2\right]$ $+(x_n-1)^2\left[1+\sin(2\pi x_n)^2\right]$， $x_i=1+\frac{x_i-1}{4}$	[−10,10]	0
$f_8=1-\cos\left(2\pi\sqrt{\sum_{i=1}^{n}x_i^2}\right)+0.1\left(\sum_{i=1}^{n}x_i^2\right)$	[−100,100]	0
$f_9=\sum_{i=1}^{n-1}\exp\left[\frac{-\left(x_i^2+x_{i+1}^2+0.5x_ix_{i+1}\right)}{8}\right]\times I$, $I=\cos\left(4\sqrt{x_i^2+x_{i+1}^2+0.5x_ix_{i+1}}\right)$	[−5,5]	$-n+1$
$f_{10}=\begin{cases}\sum_{i=1}^{n}\left[x_i^2-10\cos(2\pi x_i)+10\right], & \lvert x_i\rvert<0.5,\\ \sum_{i=1}^{n}\left\{\left[\frac{\mathrm{rand}(2x_i)}{2}\right]^2-10\cos\left[\pi\mathrm{rand}(2x_i)\right]+10\right\}, & \lvert x_i\rvert\geqslant 0.5\end{cases}$	[−5.12,5.12]	0
$f_{11}=418.98288727243369n-\sum_{i=1}^{n}x_i\sin\left(\sqrt{\lvert x_i\rvert}\right)$	[−500,500]	0
$f_{12}=0.1\left\{\sin^2(3\pi x_1)+\sum_{i=1}^{n}(x_i-1)^2\left[1+\sin^2(3\pi x_i+1)\right]\right\}$ $+0.1\left\{(x_n-1)^2\left[1+\sin^2(2\pi x_n)\right]\right\}+\sum_{i=1}^{n}u(x_i,5,100,4)$, $u(x_i,a,k,m)=\begin{cases}k(x_i-a)^m, & x_i>a,\\ 0, & -a\leqslant x_i\leqslant a,\\ k(-x_i-a)^m, & x_i<-a\end{cases}$	[−50,50]	0
$f_{13}=0.5+\frac{\sin\left(\sqrt{\sum_{i=1}^{n}x_i^2}\right)^2-0.5}{\left(1+0.001\sum_{i=1}^{n}x_i^2\right)^2}$	[−100,100]	0
$f_{14}=\sum_{i=1}^{n}\left(20^{\frac{i-1}{n-1}}z_i\right)^2$， $z=Mx$	[−100,100]	0
$f_{15}=(1000x_1)^2+\sum_{i=2}^{n}z_i^2$, $z=Mx$	[−100,100]	0
$f_{16}=\sum_{i=1}^{n}\left[z_i^2-10\cos(2\pi z_i)+10\right]$, $z=Mx$	[−5.12,5.12]	0
$f_{17}=\frac{1}{4000}\sum_{i=1}^{n}z_i^2-\prod_{i=1}^{n}\cos\left(\frac{z_i}{\sqrt{i}}\right)+1$, $z=Mx$	[−600,600]	−78.3333
$f_{18}=-20\exp\left(-0.2\sqrt{\frac{\sum_{i=1}^{n}z_i^2}{n}}\right)-\exp\left[\frac{1}{n}\sum_{i=1}^{n}\cos(2\pi z_i)\right]+20+\mathrm{e}$, $z=x-o$	[−32,32]	0

续表

函数	区间	最优值
$f_{19}=\sum_{i=1}^{n}\left\|z_i\sin(z_i)+0.1z_i\right\|,\ z=x-o$	[−10,10]	0
$f_{20}=\sum_{i=1}^{n}\left[z_i^2-10\cos(2\pi z_i)+10\right],\ z=x-o$	[−5.12,5.12]	0

GDFA 和其他四种算法的结果比较如表 8.8 所示．由表 8.8 可知，在 15 个测试函数（$f_1,f_4,f_7\sim f_{16},f_{18}\sim f_{20}$）上，GDFA 的性能优于所有的比较算法．对于 f_2，GDFA 的性能优于 HSSA、AGA、H-PSO-SCAC．对于 f_3，GDFA 和 H-PSO-SCAC 都能找到函数的全局最优值，但是在比较均值和标准差时，H-PSO-SCAC 表现较差，所以 GDFA 的鲁棒性比 H-PSO-SCAC 强．对于 f_5，虽然它有许多局部最优值，但是 GDFA 和 AGA 都能准确地找到函数的全局最小值，而 IMSaDE、H-PSO-SCAC 和 HSSA 未能跳出局部最优．对于前 13 个测试函数，GDFA 只在 f_6 上比 HSSA 的性能差．在求解多峰旋转和平移函数时，和四个算法相比，GDFA 在 7 个函数上找到的解的精度最高．对于 f_{17}，GDFA 和 H-PSO-SCAC 的性能优于其他三个比较算法，而且它们都能找到函数全局最优值，但是 H-PSO-SCAC 的鲁棒性较弱．虽然 GDFA 不能找到 f_{18} 的全局最优解，但是它的搜索精度是最高的．另外，在求解 $f_{14}\sim f_{16},f_{19},f_{20}$ 时只有 GDFA 没有陷入局部最优．所以 GDFA 具有较强的全局搜索能力和较高的寻优精度．

表 8.8　GDFA、IMSaDE、HSSA、AGA 和 H-PSO-SCAC 在 60 维上的性能结果比较

函数	算法	最小值	均值	标准差
f_1	GDFA	**0**	**0**	**0**
	IMSaDE	1	1.7333	5.2083e−01
	HSSA	1.8	2.3	2.7462e−01
	AGA	4	6.4667	3.7941
	H-PSO-SCAC	3.2201e+01	3.7100e+01	3.2201
f_2	GDFA	**0**	**0**	**0**
	IMSaDE	**0**	**0**	**0**
	HSSA	2.3815e−02	3.2645e−02	5.0979e−01
	AGA	5.8782e−01	1.3567e−02	7.4085e−02
	H-PSO-SCAC	4.7464e−02	6.3491e−02	6.3555e−01
f_3	GDFA	**0**	**0**	**0**
	IMSaDE	5.2652e−01	5.9291e−01	3.1660e−01
	HSSA	8.3490e+02	1.6077e+02	8.7203e+02
	AGA	2.1203	2.4387e+01	2.6999e+01
	H-PSO-SCAC	0	1.1507e+02	1.7005e+02

续表

函数	算法	最小值	均值	标准差
f_4	GDFA	**2.4986e−01**	**2.4986e−01**	**0**
	IMSaDE	6.6667e−01	6.6667e−01	1.6491e−16
	HSSA	2.6250e+02	4.3872e+02	7.1727e+01
	AGA	6.6667e−01	1.7181e+01	9.1516e+01
	H-PSO-SCAC	6.3241e−01	8.7234e−01	1.0157e−01
f_5	GDFA	**0**	**0**	**0**
	IMSaDE	9.5516e+01	9.5516e+01	6.7485e−14
	HSSA	7.0998e+02	7.6932e+02	3.3857e+01
	AGA	**0**	**0**	**0**
	H-PSO-SCAC	8.5539e+02	9.5024e+02	3.1473e+01
f_6	GDFA	−3.5400e+03	−3.5400e+03	0
	IMSaDE	−2.9895e+03	−2.989e+03	2.1928e−11
	HSSA	**−1.2338e+03**	**−8.5475e+02**	**1.2116e+02**
	AGA	−3.5400e+03	−3.5400e+03	1.7802
	H-PSO-SCAC	−3.5400e+03	−1.4289e+03	1.5198e+03
f_7	GDFA	**1.4998e−32**	**1.4998e−32**	**1.1135e−17**
	IMSaDE	1.3175e+01	1.3175e+01	1.2342e−15
	HSSA	2.5433e+02	3.1534e+02	3.5800e+01
	AGA	4.3381e+02	5.0791e+02	2.4174e+01
	H-PSO-SCAC	4.3459e+02	5.1793e+02	5.0679e+01
f_8	GDFA	**0**	**0**	**0**
	IMSaDE	4.9987e−01	6.1987e−01	8.8668e−02
	HSSA	2.9041e+01	3.3141e+01	1.5859
	AGA	2.9987e−01	5.4051e−01	6.6207e−01
	H-PSO-SCAC	3.7381e+01	3.9725e+01	1.2198
f_9	GDFA	**−5.4687e+01**	**−5.4687e+01**	**2.8908e−14**
	IMSaDE	−3.8134e+01	−3.8134e+01	1.2509e−02
	HSSA	−1.2107e+01	−9.0143	1.0043
	AGA	−2.7004e+01	−2.3649e+01	2.1714
	H-PSO-SCAC	−5.1332e+01	−3.8417e+01	1.9224e+01
f_{10}	GDFA	**0**	**0**	**0**
	IMSaDE	1.2700e+02	1.2940e+02	1.2205
	HSSA	5.8356e+02	6.9499e+02	4.8916e+01
	AGA	1.1218e+02	3.1700e+02	1.3929e+02
	H-PSO-SCAC	8.3356e+02	9.0987e+02	3.6708e+01

续表

函数	算法	最小值	均值	标准差
f_{11}	GDFA	**2.9104e−11**	**2.9104e−11**	**0**
	IMSaDE	5.1111e+03	5.1111e+03	9.2504e−13
	HSSA	1.5214e+04	1.8101e+04	8.5333e+02
	AGA	1.9887e+04	2.0465e+04	5.5359e+02
	H-PSO-SCAC	2.0666e+04	2.1927e+04	5.8895e+02
f_{12}	GDFA	**1.3498e−32**	**1.3498e−32**	**5.5674e−48**
	IMSaDE	3.7549e+01	2.7549e+01	3.9649e−14
	HSSA	9.8805e+05	1.3916e+06	2.1187e+05
	AGA	6.2403	1.8899e+03	8.8699e+03
	H-PSO-SCAC	2.0379e+04	2.7891e+04	3.2672e+03
f_{13}	GDFA	**0**	**7.2596e−05**	**1.6090e−04**
	IMSaDE	1.2699e−01	2.0160e−01	1.1363e−01
	HSSA	4.9996e−01	4.9997e−01	3.1882e−06
	AGA	3.7224e−02	6.7446e−02	1.0035e−01
	H-PSO-SCAC	4.9997e−01	4.9997e−01	3.5972e−06
f_{14}	GDFA	**0**	**0**	**0**
	IMSaDE	2.9644e−323	1.7555e−26	9.6155e−26
	HSSA	3.1363e+02	4.2626e+02	6.9037e+02
	AGA	3.8363e−90	2.5146e+02	1.3770e+03
	H-PSO-SCAC	5.9823e+03	8.3403e+03	1.1744e+03
f_{15}	GDFA	**0**	**0**	**0**
	IMSaDE	4.9407e−324	5.6988e−29	3.1214e−28
	HSSA	1.1346e+03	2.5715e+03	1.5840e+03
	AGA	1.8987e−97	9.1640	5.0147e+01
	H-PSO-SCAC	5.2633e−15	7.2381e−16	1.4543e−16
f_{16}	GDFA	**0**	**0**	**0**
	IMSaDE	9.8501e+01	9.8501e+01	6.3388e−14
	HSSA	6.8415e+02	7.6112e+02	4.6329e+01
	AGA	2.1145e−98	4.6992e+01	1.0064e+02
	H-PSO-SCAC	8.3245e+02	9.5024e+02	4.5577e+02
f_{17}	GDFA	**0**	**0**	**0**
	IMSaDE	9.1776e−01	9.3440e−01	2.9380e−02
	HSSA	1.0015	1.0150	3.5116e−02
	AGA	9.9999e−01	9.9999e−01	3.6625e−09
	H-PSO-SCAC	0	5.9525	1.2490e+01

续表

函数	算法	最小值	均值	标准差
f_{18}	GDFA	**−8.8816e−16**	**−8.8816e−16**	**0**
	IMSaDE	1.9964e+01	1.9964e+01	1.0840e−14
	HSSA	2.0151e+01	2.0704e+01	1.7538e−01
	AGA	2.0519e+01	2.0519e+01	7.2269e−15
	H-PSO-SCAC	2.0448e+01	2.0471e+01	1.1073e−02
f_{19}	GDFA	**0**	**1.6653e−16**	**2.0745e−16**
	IMSaDE	2.4926e−14	2.4926e−14	0
	HSSA	1.1460e+02	1.3534e+02	1.2384e+01
	AGA	1.2210e−12	1.3457e−12	1.4843e−11
	H-PSO-SCAC	1.4691e+01	1.9004e+01	1.6631
f_{20}	GDFA	**0**	**0**	**0**
	IMSaDE	1.7614e+02	1.7614e+02	3.7691e−14
	HSSA	1.0214e+03	1.1564e+03	7.9838e+01
	AGA	1.1250e+01	1.1409e+01	2.9710e+01
	H-PSO-SCAC	1.3208e+03	1.5716e+03	8.6164e+01

第 9 章　基于比较判断的粒子群算法

一般来说，当 $f(\boldsymbol{x})$ 是光滑凸函数时，可使用确定性方法有效求解问题（7-1），但如果 $f(\boldsymbol{x})$ 是非光滑非凸的，确定性方法有时就无法有效解决相关问题．在这种情况下，群智能算法就是一种很好的选择．群智能算法是通过模拟动物行为或自然现象而提出的，具有较好的相互协调机制．截至目前，人们已经提出许多群智能算法包括遗传算法（GA）[115-116]、差异进化算法（differential evolution algorithm，DEA）[117]、粒子群优化（particle swarm optimization，PSO）[81]、蚁群优化（ant colony optimization，ACO）[118]、人工蜂群（artificial bee colony，ABC）[119]、和谐搜索（harmony search，HS）[120]、布谷鸟搜索算法（cuckoo search algorithm，CSA）[121]、免疫网络优化算法（modified immune network optimization algorithm，MINA）[122]等．

PSO 算法模拟了鸟类觅食行为，最初由 Kennedy 和 Eberhart 于 1995 年提出．在 PSO 算法中，由于每个粒子吸收了个人和社会的经验，所以 PSO 具有快速的收敛速度．然而，由于 PSO 探索能力较弱，所以很容易陷入局部最优．为了克服 PSO 的缺点，许多研究者已经提出了改进措施．这些算法根据改进方式分可以为以下四种类型：

1）基于参数的改进．这种算法主要研究控制参数的改进，如加速度系数和惯性权重．例如，文献[123]～[129]提出了不同的改变惯性权重的方式；文献[130]～[132]讨论了加速度系数对粒子群算法的收敛速度的影响；文献[133]、[134]提出了一些控制参数调整的方法．

2）基于邻域拓扑的改进．这类算法主要研究不同的邻域拓扑以增强 PSO 的勘探能力，包括完全信息的粒子群（fully informed particle swarm，FIPS）[135]、动态多种群粒子群算法[136]等．关于邻域拓扑的更多研究工作可以参看文献[137]～[139]．

3）基于搜索方程的改进．这类算法主要研究不同的学习策略以提高 PSO 的收敛速度，包括基本框架 PSO[140]、综合学习 PSO[141]、双向教学和双向学习 PSO[142]，PSO 的正交学习策略[143]等．

4）基于混合的改进策略．这种算法的特点是吸收其他智能算法的优势去克服 PSO 的缺点，包括带有列维飞行的 PSO[144]、多样性增强机制[145]、基于牛顿定律的粒子群优化[146]、具有遗传的 PSO 突变[147]等．混合粒子群优化算法的详细讨论可以参看文献[148]．

尽管上述改进的 PSO 比经典 PSO 具有更好的性能，但仍有改进的空间．例如，PSO 的速度更新方程使用了每个粒子的历史最优信息和整个群的最优信息，即速度是当前迭代中个体的历史最优方向和整个种群的最优方向的合成．然而，这种合成可能不是最优的，因为个体的历史最优方向或整个群体本身的最优方向可能是最佳方向．因此，可以基于这一事实改进速度方程．此外，粒子群算法跳出局部最优解的能力不强，于是可以考虑采用其他智能算法的长处来弥补．

本章的目的是提出一种改进的粒子群优化算法，主要工作如下：

1）假设每个粒子都具有判断能力，即每个粒子都可以考虑其历史最优方向、整个群的最优方向及上述两个方向的综合，然后做出最佳选择．基于这样的考虑，提出一种新的搜索方程．

2）为了帮助粒子从局部最优位置逃逸，引入了废弃机制．同时，基于最优解和随机过程的信息，建立一个新的方程来生成粒子的位置．

9.1　改进的粒子群算法

为了克服粒子群算法的缺陷，本节提出了两种改进策略．

9.1.1　速度更新方程

我们在寻找改进策略时，通常会考虑个人经验和社会经验．在这个过程中，个人经验、社会经验或以上两种经验的综合可能是最好的．为了选择最佳体验，我们通常会对三种体验进行比较．然而，基本粒子群算法的速度更新方程不能实现这一目标．为此，我们提出了一个新的速度更新方程，定义如下：

$$\boldsymbol{V}_1=\omega(t)\boldsymbol{v}_i(t)+c_1r_1\left[\boldsymbol{p}_{\mathrm{best}_i}(t)-\boldsymbol{x}_i(t)\right];$$

$$\boldsymbol{V}_2=\omega(t)\boldsymbol{v}_i(t)+c_2r_2\left[\boldsymbol{g}_{\mathrm{best}}(t)-\boldsymbol{x}_i(t)\right];$$

$$\boldsymbol{V}_3=\omega(t)\boldsymbol{v}_i(t)+c_1r_1\left[\boldsymbol{p}_{\mathrm{best}_i}(t)-\boldsymbol{x}_i(t)\right]+c_2r_2\left[\boldsymbol{g}_{\mathrm{best}}(t)-\boldsymbol{x}_i(t)\right],$$

$$\boldsymbol{v}_i(t+1)=\left\{\boldsymbol{V}_k\,|\,f\left[\boldsymbol{x}_i(t)+\boldsymbol{V}_k\right]=\min\left\{f\left[\boldsymbol{x}_i(t)+\boldsymbol{V}_j\right],j=1,2,3\right\}\right\},\tag{9-1}$$

$$\boldsymbol{x}_i(t+1)=\boldsymbol{x}_i(t)+\boldsymbol{v}_i(t+1),\tag{9-2}$$

其中，参数的定义与基本 PSO 算法一致，$\omega(t)$ 是权重因子，其定义如下：

$$\omega(t)=\omega_{\min}+(\omega_{\max}-\omega_{\min})\mathrm{e}^{-0.6t},\tag{9-3}$$

其中，$\omega_{\min}$ 和 $\omega_{\max}$ 分别表示最小和最大权重因子．

由式（9-1）可以看出，在改进 PSO（improved PSO，IPSO）算法中，第 i 个粒子是通过比较个人经验、社会经验及两种经验的综合来更新位置的．

9.1.2　位置废弃机制

在迭代过程中，如果一个位置附近在多次搜索后仍然没有得到改善，这意味着它可能是一个局部最优位置，因此算法应该放弃这个位置. 然而，基本 PSO 和其他改进 PSO 不具有此功能. 通过吸收和改进 ABC 算法中侦查蜂的搜索机制，本小节提出了一种新的位置放弃机制，文献[149]中也提过类似的机制，但本章提出的机制与之不同，本章提出的机制具有更好的平衡勘探和开发的能力.

假设 L 是某一位置应放弃的上限值，如果粒子 i 所处位置附近已被搜索 L 次，并且没有获得更好的结果，就放弃粒子 i 的位置，并用新位置替换. IPSO 用式(9-4)生成新位置：

$$\boldsymbol{x}_{\text{new}} = [1-\omega(t)]\boldsymbol{g}_{\text{best}}(t) + \varphi[\boldsymbol{g}_{\text{best}}(t) - \boldsymbol{x}_i(t)], \tag{9-4}$$

其中，φ 是一个随机数，其定义如下：

$$\varphi = 2(\text{rand} - 0.5)\mathrm{e}^{-0.6t}, \tag{9-5}$$

其中，t 表示当前迭代数，-0.6 是基于数值试验结果选取的.

从式（9-5）可以看出，φ 是区间 $[-r, r]$ 中的一个随机数，其中 r 随着算法的迭代从 1 非线性减少到 0. 该策略可以保证算法后期的搜索是在 $\boldsymbol{g}_{\text{ebst}}(t)$ 附近进行的局部搜索.

为了生成更好的位置，式（9-4）中使用了 $\boldsymbol{g}_{\text{ebst}}(t)$ 的信息，这有利于改善粒子的位置，但是，如果我们仅使用式（9-4）来生成新位置，就仍然存在陷入局部最优解的风险. 因此，为了增强其探索能力，该算法需要具有在搜索空间中以小概率生成随机解的能力. 基于上述考虑，新位置将依据式（9-6）产生：

$$\boldsymbol{x}_{\text{new}} = \begin{cases} [1-\omega(t)]\boldsymbol{g}_{\text{best}}(t) + \varphi[\boldsymbol{g}_{\text{best}}(t) - \boldsymbol{x}_i(t)], & \text{如果rand} < 0.99, \\ \boldsymbol{l} + 2(\text{rand} - 0.5)(\boldsymbol{u} - \boldsymbol{l}), & \text{否则}, \end{cases} \tag{9-6}$$

其中，rand 是区间[0,1]中的随机数.

基于上述讨论，下面给出 IPSO 的伪代码过程.

步骤 1　初始化种群大小为 N_{p}，最大函数值估计次数为 MaxFE，给定 L，c_1 和 c_2 的取值. 对于每个粒子 i，初始化其位置 $\boldsymbol{x}_i$ 及速度 $\boldsymbol{v}_i$，给定最小权重值 $\omega_{\min}$ 和最大惯性权重值 $\omega_{\max}$；最小速度 $\boldsymbol{v}_{\min}$ 和最大速度 $\boldsymbol{v}_{\max}$.

步骤 2　置 $\boldsymbol{p}_{\text{best}_i} = \boldsymbol{x}_i (i = 1, 2, \cdots, N_{\text{p}})$，并找出 $\boldsymbol{g}_{\text{best}}$，置 $\text{FE} = N_{\text{p}}$.

当 $\text{FE} < \text{MaxFE}$ 时

　根据式（9-3）更新权重 ω.

对于 $i = 1 : N_{\text{p}}$

　由式（9-1）更新每个粒子的速度.

由式（9-2）更新每个粒子的位置.

$FE = FE + 3$；

如果 $f(\boldsymbol{x}_i) < f(\boldsymbol{p}_{\text{best}_i})$

$\boldsymbol{p}_{\text{best}_i} = \boldsymbol{x}_i$，置 $L_i = 0$；

否则

置 $L_i = L_i + 1$.

如果 $f(\boldsymbol{x}_i) < f(\boldsymbol{g}_{\text{best}})$

置 $\boldsymbol{g}_{\text{best}} = \boldsymbol{x}_i$.

步骤 3　对于 $i = 1 : N_{\text{p}}$

如果 $L_i = L$

由式（9-4）产生新位置，并代替 $\boldsymbol{x}_i$.

置 $FE = FE + 1$.

步骤 4　结束，输出最优解.

9.2　试验结果及讨论

为了评估 IPSO 的有效性，本节进行了大量的试验模拟，并对结果进行了讨论和分析.

由于位置废弃机制中的 L 取值可能对算法有很大影响，所以本节首先进行了 L 取值的试验. 然后，通过使用 25 个基准函数，比较 PSO、三种改进 PSO 及 IPSO 的性能. 最后，为了进一步测试 IPSO 的性能，选择了 20 个基准函数，将其性能与几种较为优秀的算法进行了比较.

9.2.1　确定 L 取值的试验

在本试验中，使用了 12 个基准函数来评估不同 L 值的 IPSO 的性能，以确定最佳的 L 值. 这些基准函数具有不同的性质，如单峰、多峰、可分离、不可分离和旋转. 表 9.1 简要列出了这些基准函数的详细信息.

表 9.1　确定 L 的基准函数

函数	区间	最优值
$f_1 = \sum_{i=1}^{n} \lvert x_i \rvert^{i+1}$	[−1,1]	0

续表

函数	区间	最优值
$f_2=\sum_{i=1}^{n}\left(\sum_{j=1}^{i}x_j\right)^2$	[−100,100]	0
$f_3=\sum_{i=1}^{n}(10^6)^{\frac{i-1}{n-1}}x_i^2$	[−100,100]	0
$f_4=\frac{1}{4000}\sum_{i=1}^{n}x_i^2-\prod_{i=1}^{n}\cos\left(\frac{x_i}{\sqrt{i}}\right)+1$	[−600,600]	0
$f_5=\sum_{i=1}^{n}\left\|x_i\sin(x_i)+0.1x_i\right\|$	[−10,10]	0
$f_6=\sum_{i=1}^{n}\left[x_i^2-10\cos(2\pi x_i)+10\right]$	[−5.12,5.12]	0
$f_7=\sum_{i=1}^{n}ix_i^4+\mathrm{rand}[0,1)$	[−1.28,1.28]	0
$f_8=\sum_{i=1}^{n}(x_i+0.5)^2$	[−1.28,1.28]	0
$f_9=0.5+\frac{\sin^2\left(\sqrt{\sum_{i=1}^{n}x_i^2}\right)-0.5}{\left[1+0.001\left(\sum_{i=1}^{n}x_i^2\right)\right]^2}$	[−100,100]	0
$f_{10}=\max_i\{\|x_i\|,1\leqslant i\leqslant n\}$	[−100,100]	0
$f_{11}=\sum_{i=1}^{n}\|x_i\|+\prod_{i=1}^{n}\|x_i\|$	[−10,10]	0
$f_{12}=\sum_{i=1}^{n-1}\left[100(z_i^2-z_{i+1})^2+(z_i-1)^2\right]$，$z=Mx$	[−2.048,2.048]	0

IPSO 的参数设置如下：$c_1=c_2=1.2$，最大迭代次数 $\mathrm{ItMax}=500$，种群大小 $N_{\mathrm{p}}=30$，$\omega_{\min}=0.9$，$\omega_{\max}=1.3$，$v_{\min}=-1$，$v_{\max}=1$．表 9.2 和表 9.3 分别提供了 30 维和 100 维的条件下问题的最优值、最差值、平均值和标准差比较．这些结果是通过对每个函数独立运行 30 次 IPSO 获得的．

表 9.2　IPSO 在不同 L 值下的性能结果比较（30 维）

函数	L	最优值	最差值	平均值	标准差
f_1	3	0	0	0	0
	5	0	0	0	0
	7	0	2.122e−068	7.073e−070	3.874e−069
	10	0	7.826e−116	2.612e−117	1.428e−116
f_2	3	0	0	0	0
	5	0	0	0	0
	7	0	0	0	0
	10	0	0	0	0

续表

函数	L	最优值	最差值	平均值	标准差
f_3	3	0	0	0	0
	5	0	0	0	0
	7	0	3.192e−238	1.064e−239	0
	10	0	2.644e−176	8.816e−178	0
f_4	3	0	0	0	0
	5	0	9.998e−001	3.332e−002	1.825e−001
	7	0	9.968e−001	3.322e−002	1.820e−001
	10	0	9.997e−001	6.660e−002	2.534e−001
f_5	3	0	0	0	0
	5	0	0	0	0
	7	0	0	0	0
	10	0	0	0	0
f_6	3	0	0	0	0
	5	0	0	0	0
	7	0	0	0	0
	10	0	8.957e−222	2.985e−223	0
f_7	3	2.124e−007	4.459e−005	1.090e−005	1.232e+000
	5	5.590e−007	5.894e−005	1.535e−005	1.467e+000
	7	1.038e−006	7.371e−005	1.728e−005	1.523e+000
	10	5.380e−007	5.989e−005	2.004e−005	1.595e−005
f_8	3	0	0	0	0
	5	0	0	0	0
	7	0	0	0	0
	10	0	0	0	0
f_9	3	0	0	0	0
	5	0	0	0	0
	7	0	9.715e−003	6.477e−004	2.465e−003
	10	0	9.715e−003	6.477e−004	2.465e−003
f_{10}	3	0	0	0	0
	5	0	0	0	0
	7	0	1.820e−025	6.069e−027	3.324e−026
	10	0	1.826e−038	6.089e−040	3.335e−039
f_{11}	3	0	0	0	0
	5	0	0	0	0
	7	0	1.997e−304	6.657e−306	0
	10	0	2.032e−031	6.774e−033	3.710e−032
f_{12}	3	2.169e−021	1.555e−002	1.088e−003	2.975e−003
	5	8.159e−010	2.869e+001	1.934e+000	7.274e+000
	7	3.414e−017	1.138e−001	6.576e−003	2.231e−002
	10	8.341e−023	2.889e+001	1.631e+001	1.450e+001

表 9.3　IPSO 在不同 L 值下的性能结果比较（100 维）

函数	L	最优值	最差值	平均值	标准差
f_1	3	0	0	0	0
	5	0	2.122e−068	7.073e−070	3.874e−069
	7	0	2.122e−068	7.073e−070	3.874e−069
	10	7.826e−116	2.612e−117	1428e−116	1.428e−116
f_2	3	0	0	0	0
	5	0	0	0	0
	7	0	0	0	0
	10	0	0	0	0
f_3	3	0	0	0	0
	5	0	0	0	0
	7	3.192e−238	1.064e−239	0	0
	10	2.644e−176	8.816e−178	0	0
f_4	3	0	0	0	0
	5	9.998e−001	3.332e−002	1.825e−001	1.825e−001
	7	9.968e−001	3.322e−002	1.820e−001	1.820e−001
	10	9.997e−001	6.660e−002	2.534e−001	2.534e−001
f_5	3	0	0	0	0
	5	0	0	0	0
	7	0	0	0	0
	10	0	0	0	0
f_6	3	0	0	0	0
	5	0	0	0	0
	7	0	0	0	0
	10	8.957e−222	2.985e−223	0	0
f_7	3	4.459e−005	1.090e−005	1.232e−005	1.232e+000
	5	5.894e−005	1.535e−005	1.467e−005	1.467e+000
	7	7.371e−005	1.728e−005	1.523e−005	1.523e+000
	10	5.989e−005	2.004e−005	1.595e−005	1.595e−005
f_8	3	0	0	0	0
	5	0	0	0	0
	7	0	0	0	0
	10	0	0	0	0
f_9	3	0	0	0	0
	5	0	9.715e−003	6.477e−004	2.465e−003
	7	0	9.715e−003	6.477e−004	2.465e−003
	10	0	0	0	0

续表

函数	L	最优值	最差值	平均值	标准差
f_{10}	3	0	0	0	0
	5	0	1.820e-025	6.069e-027	3.324e-026
	7	0	1.826e-038	6.089e-040	3.335e-039
	10	0	0	0	0
f_{11}	3	0	0	0	0
	5	0	1.997e-304	6.657e-306	0
	7	0	2.032e-031	6.774e-033	3.710e-032
	10	2.169e-021	1.555e-002	1.088e-003	2.975e-003
f_{12}	3	8.159e-010	2.869e+001	1.934e+000	7.274e+000
	5	3.414e-017	1.138e-001	6.576e-003	2.231e-002
	7	8.341e-023	2.889e+001	1.631e+001	1.450e+001
	10	8.341e-023	2.889e+001	1.631e+001	1.450e+001

由表 9.2 和表 9.3 可以看出，对于函数 $f_1 \sim f_{12}$，无论是在 30 维条件下，还是 100 维条件下，$L=3$ 时都能获得最佳结果．此外，为了比较不同 L 值的 IPSO 的收敛速度，图 9.1 提供了 30 维条件下的收敛曲线．由图 9.1 可知，在 $L=3$ 的情况下，IPSO 都得到了更快的收敛曲线，这意味着 $L=3$ 可能是较好的选择．因此，在以下所有试验中，L 的值都被设置为 3.

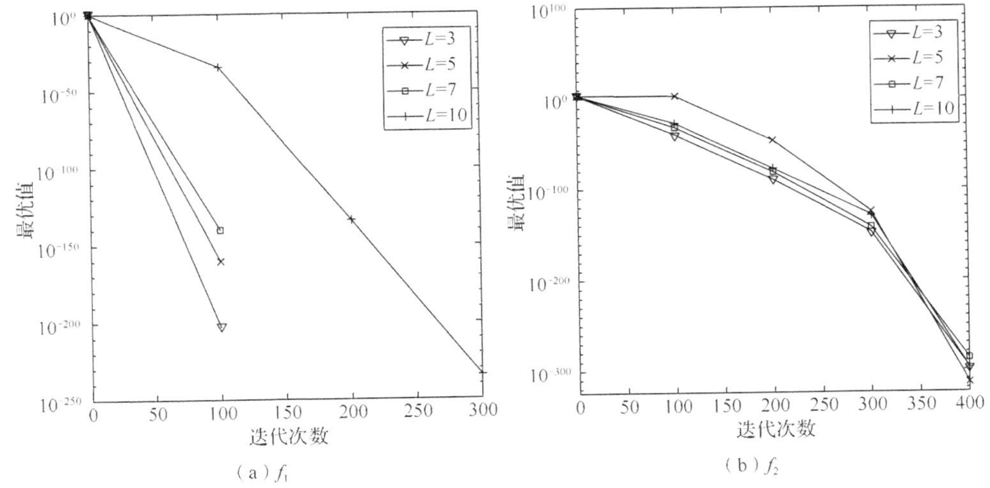

图 9.1　$f_1 \sim f_{12}$（30 维）的收敛曲线

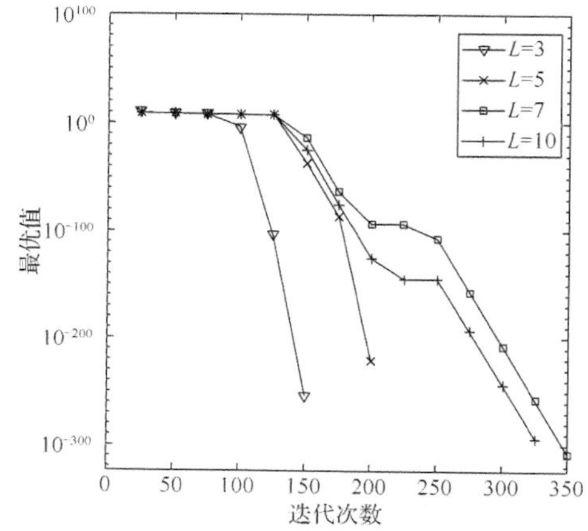

（c）f_3

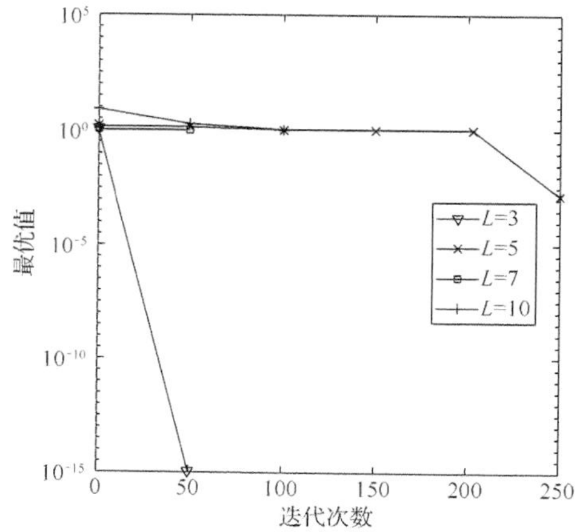

（d）f_4

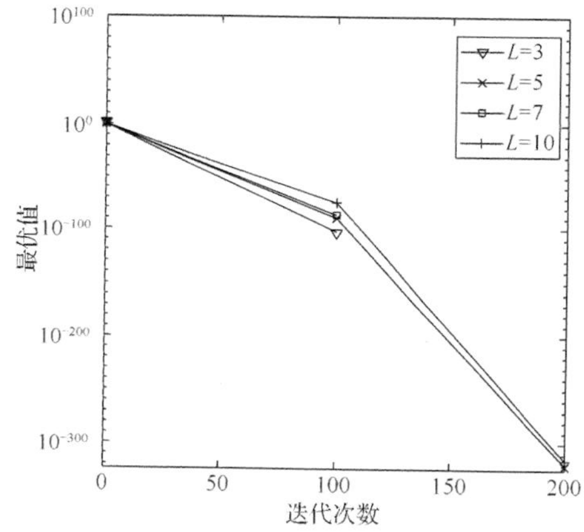

（e）f_5

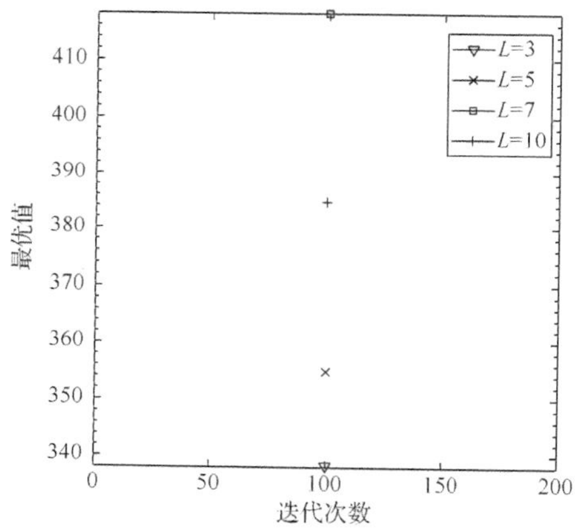

（f）f_6

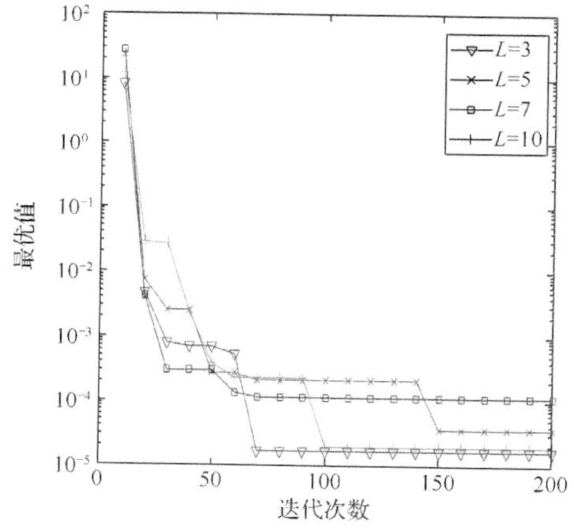

（g）f_7

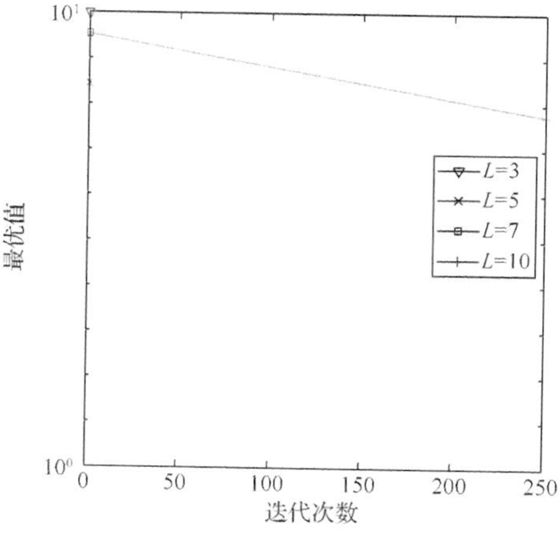

（h）f_8

图 9.1（续）

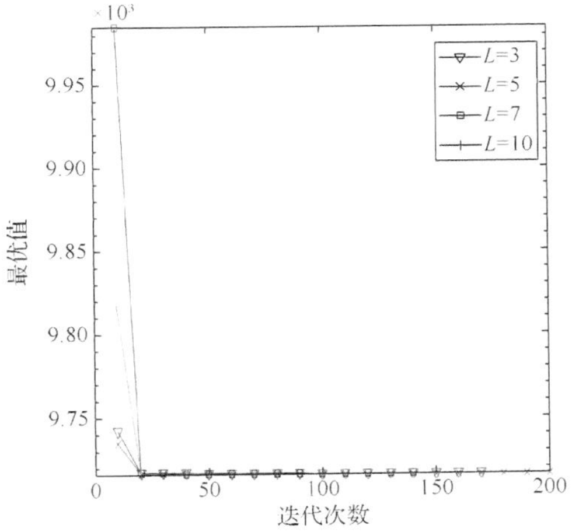

(i) f_9

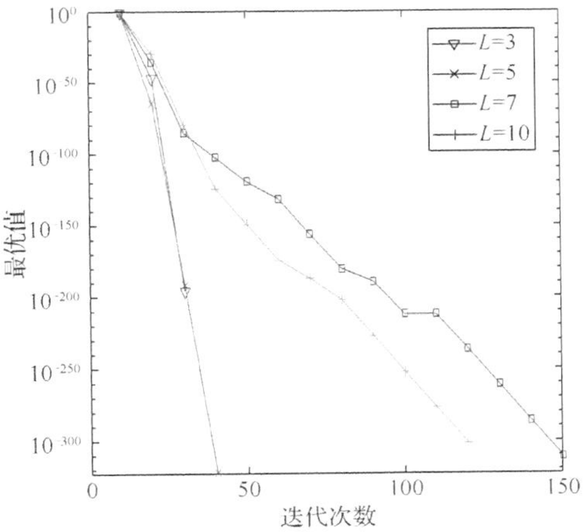

(j) f_{10}

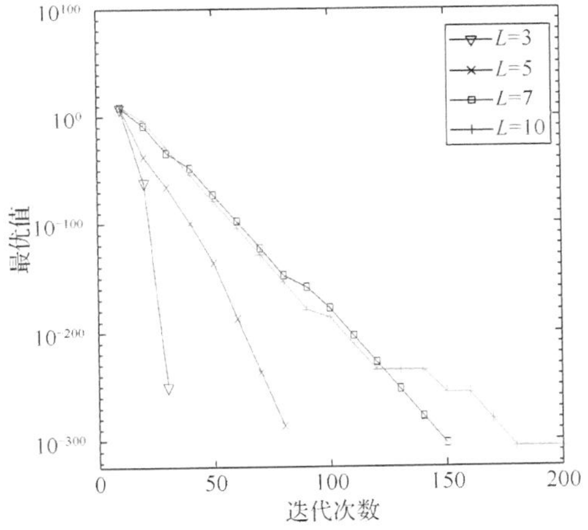

(k) f_{11}

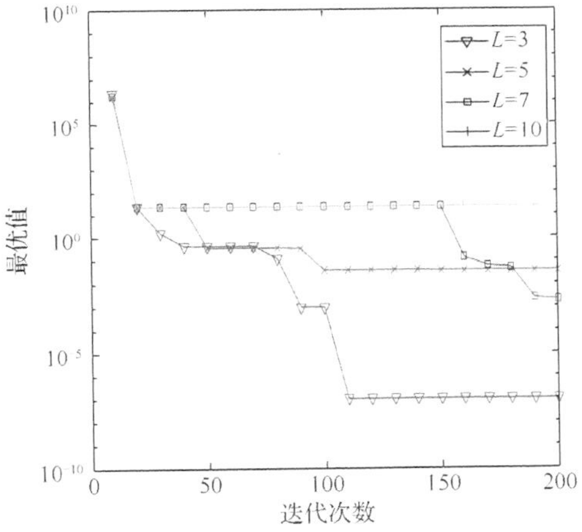

(l) f_{12}

图 9.1（续）

此外，为了验证位置放弃机制是否有效，我们将不使用该机制的 IPSO（表 9.4）与使用该机制的 IPSO（表 9.2）同时求解 30 维下的 $f_1 \sim f_{12}$，并将相应结果进行比较．由表 9.2 和表 9.4 可以看出，IPSO 中的位置放弃机制有着非常重要的作用，可有效地避免 IPSO 陷入局部最优，从而提高 IPSO 的收敛速度．

表 9.4　不使用废弃机制的 IPSO 的计算结果（30 维）

函数	最优值	最差值	平均值	标准差
f_1	2.972e−005	4.966e−002	7.229e−003	1.436e−002
f_2	7.118e+001	5.452e+002	1.462e+002	1.076e+002

续表

函数	最优值	最差值	平均值	标准差
f_3	8.068e+000	1.311e+002	3.994e+001	2.996e+001
f_4	9.910e−001	9.999e−001	9.992e−001	1.962e−003
f_5	8.177e+000	2.088e+001	1.219e+001	2.954e+000
f_6	1.380e+002	3.207e+002	2.213e+002	5.104e+001
f_7	3.326e+000	4.448e+001	1.548e+001	1.022e+001
f_8	4.801e+000	1.216e+001	7.231e+000	1.576e+000
f_9	4.726e−001	4.997e−001	4.958e−001	5.845e−003
f_{10}	7.484e−001	1.509e+000	1.224e+000	1.907e−001
f_{11}	8.862e+000	1.966e+001	1.607e+001	2.601e+000
f_{12}	4.732e−005	1.150e+000	1.425e−001	2.884e−001

9.2.2 IPSO 与 PSO、CPSO、SGPSO 和 SPPSO 的比较

在本小节中，将 IPSO 与 PSO[79]、CPSO[150]、SGPSO[151]和 SPPSO[151]进行比较. 本试验选取了 25 个基准函数来比较它们的性能，这些函数选自于 CEC 2005[152]. 这些函数包括单峰函数、多峰函数和旋转函数，如表 9.5 所示. 在这些函数中，f_1和 f_2分别是单峰和多峰函数，其维度维 $n=2$. 函数 $f_3\sim f_{11}$ 为单峰函数，f_{12}是噪声四次函数，$f_{13}\sim f_{20}$是多峰函数，$f_{22}\sim f_{25}$是五个旋转函数，其中 $\boldsymbol{M}$ 是旋转变换矩阵.

IPSO 和其他四种算法均由 MATLAB 7.0 编码实现，试验平台是个人计算机，采用 Inter(R)Core(TM)i7-6500U、3.06GHz CPU、16GB 内存和 Windows XP 系统.

这些算法的共同参数取值如下：种群大小 N_p 为 30，最大函数值计算次数 MaxFE 分别取 3×10^4 和 6×10^4，其他参数如前所述. 比较结果如表 9.6（$\text{MaxFE}=3\times10^4$）和表 9.7（$\text{MaxFE}=6\times10^4$）所示，包括最优值、平均值、标准差和 t-检验值. 这些结果是通过对每个函数独立运行每个算法 30 次而获得的. t-检验值用于确定 IPSO 的结果是否与其他算法的结果有统计差异，其中显著水平设置为 0.05. 在表 9.6 和表 9.7 中，“+”表示 IPSO 的性能在统计上明显优于其竞争对手，“=”表示竞争对手的表现与 IPSO 的表现在统计上具有可比性，“−”意味着竞争对手的性能在统计上明显优于 IPSO.

表 9.5　基准函数

函数	区间	最优值
$f_1 = 0.26(x_1^2 + x_2^2) - 0.48x_1x_2$	[−10,10]	0
$f_2 = 4x_1^2 - 2.1x_1^4 + x_1^6/3 + x_1x_2 - 4x_2^2 + 4x_2^4$	[−5,5]	−1.0316
$f_3 = \sum_{i=1}^{n} x_i^2$	[−100,100]	0
$f_4 = \sum_{i=1}^{n} \lvert x_i \rvert + \prod_{i=1}^{n} \lvert x_i \rvert$	[−10,10]	0
$f_5 = \sum_{i=1}^{n} \left(\sum_{j=1}^{i} x_j \right)^2$	[−100,100]	0
$f_6 = \max\{\lvert x_i \rvert, 1 \leqslant i \leqslant n\}$	[−100,100]	0
$f_7 = \sum_{i=1}^{n} i x_i^2$	[−10,10]	0
$f_8 = \sum_{i=1}^{n} i x_i^4$	[−1.28,1.28]	0
$f_9 = \sum_{i=1}^{n} \lvert x_i \rvert^{i+1}$	[−1,1]	0
$f_{10} = \sum_{i=1}^{n} (10^6)^{\frac{i-1}{n-1}} x_i^2$	[−100,100]	0
$f_{11} = \sum_{i=1}^{n} (\lfloor x_i + 0.5 \rfloor)^2$	[−1.28,1.28]	0
$f_{12} = \sum_{i=1}^{n} i x_i^4 + \mathrm{rand}[0,1)$	[−1.28,1.28]	0
$f_{13} = \sum_{i=1}^{n} \left[x_i^2 - 10\cos(2\pi x_i) + 10 \right]$	[−5.12,5.12]	0
$f_{14} = -20\exp\left(-0.2\sqrt{\frac{1}{n}\sum_{i=1}^{n} x_i^2} \right) - \exp\left[\frac{1}{n}\sum_{i=1}^{n} \cos(2\pi x_i) \right] + 20 + \mathrm{e}$	[−32,32]	0
$f_{15} = \frac{1}{4000}\sum_{i=1}^{n} x_i^2 - \prod_{i=1}^{n} \cos\left(\frac{x_i}{\sqrt{i}} \right) + 1$	[−600,600]	0
$f_{16} = 0.5 + \frac{\sin\left(\sqrt{\sum_{i=1}^{n} x_i^2} \right)^2 - 0.5}{\left(1 + 0.001\sum_{i=1}^{n} x_i^2 \right)^2}$	[−100,100]	0
$f_{17} = \frac{\pi}{n}\sum_{i=1}^{n} (x_i^4 - 16x_i^2 + 5x_i)$	[−5,5]	0
$f_{18} = \sum_{i=1}^{n} \lvert x_i \sin(x_i) + 0.1x_i \rvert$	[−10,10]	0
$f_{19} = \begin{cases} \sum_{i=1}^{n} \left[x_i^2 - 10\cos(2\pi x_i) + 10 \right], & \lvert x_i \rvert < 0.5, \\ \sum_{i=1}^{n} \left\{ \left[\frac{\mathrm{rand}(2x_i)}{2} \right]^2 - 10\cos\left[\pi \mathrm{rand}(2x_i) \right] + 10 \right\}, & \lvert x_i \rvert \geqslant 0.5 \end{cases}$	[−5.12,5.12]	−78.3333

续表

函数	区间	最优值
$f_{20}=\frac{\pi}{n}10\sin^2(\pi y_1)+\frac{\pi}{n}\sum_{i=1}^{n-1}(y_i-1)^2\left[1+10\sin^2(\pi y_{i+1})\right]+\frac{\pi}{n}(y_n-1)^2+\sum_{i=1}^{n}u(x_i,10,100,4)$, $y_i=1+\frac{x_i+1}{4}$，$u(x_i,a,k,m)=\begin{cases}k(x_i-a)^m, & x_i>a,\\ 0, & -a\leqslant x_i\leqslant a,\\ k(-x_i-a)^m, & x_i<-a\end{cases}$	[−50,50]	0
$f_{21}=-\exp\left(-\sum_{i=1}^{n}x_i^2\right)$	[−100,100]	−1
$f_{22}=\sum_{i=1}^{n}\left[20^{\frac{i-1}{n-1}}z(i)\right]^2$，$z=Mx$	[−100,100]	0
$f_{23}=\sum_{i=1}^{n}[1000z(1)]^2+\sum_{i=2}^{n}z_i^2$，$z=Mx$	[−100,100]	0
$f_{24}=\sum_{i=1}^{n}\left[z_i^2-10\cos(2\pi z_i)+10\right]$，$z=Mx$	[−5.12,5.12]	0
$f_{25}=\sum_{i=1}^{n}\left[100(z_i^2-z_{i+1})^2+(z_i-1)^2\right]$，$z=Mx$	[−2.048,2.048]	0

表 9.6　IPSO 与其他四种算法的性能结果比较（MaxFE = 3×10^4）

函数	n	算法	最优值	平均值	标准差	t-检验值
f_1	2	PSO	1.596e−027	6.269e−022	2.612e−021	+
		CPSO	1.020e−029	2.596e−023	7.409e−023	+
		SGPSO	6.310e−010	4.839e−007	6.065e−007	+
		SPPSO	0	0	0	=
		IPSO	0	0	0	
f_2	2	PSO	−1.0316	−1.0316	1.247e−016	=
		CPSO	−1.0316	−1.0316	2.220e−016	=
		SGPSO	−1.0316	−1.0315	5.194e−005	=
		SPPSO	−1.0316	−1.0315	5.248e−005	=
		IPSO	−1.0316	−1.0316	2.924e−005	
f_3	30	PSO	6.357e−002	1.923−001	8.765e−002	+
		CPSO	4.241e−051	2.113e−049	2.061e−049	+
		SGPSO	8.241e−002	2.241e+002	8.974e+002	+
		SPPSO	0	0	0	=
		IPSO	0	0	0	
f_4	30	PSO	2.071e+000	4.604e+000	2.0e+000	+
		CPSO	1.913e−027	4.957e−027	3.533e−027	+
		SGPSO	1.389e+000	2.985e+000	2.730e+000	+
		SPPSO	0	0	0	=
		IPSO	0	0	0	

续表

函数	n	算法	最优值	平均值	标准差	t-检验值
f_5	30	PSO	3.035e+000	6.520e+000	3.267e+000	+
		CPSO	4.304e-005	7.692e-004	1.074e-003	+
		SGPSO	1.159e+000	6.755e+002	2.010e+003	+
		SPPSO	0	0	0	+
		IPSO	0	0	0	=
f_6	30	PSO	1.362e+000	3.409e+000	1.614e+000	+
		CPSO	1.657e-003	1.346e-002	1.162e-002	+
		SGPSO	2.183e-001	3.576e+000	6.842e+000	+
		SPPSO	0	0	0	=
		IPSO	0	0	0	
f_7	30	PSO	6.275e-001	3.527e+000	2.397e+000	+
		CPSO	1.758e-053	1.349e-052	9.415e-053	+
		SGPSO	1.149e+000	9.390e+000	1.815e+001	+
		SPPSO	0	0	0	=
		IPSO	0	0	0	
f_8	30	PSO	2.456e-008	5.875e-003	8.679e-003	+
		CPSO	3.487e-109	1.464e-105	3.984e-105	+
		SGPSO	8.999e-005	1.152e-002	1.364e-002	+
		SPPSO	0	0	0	=
		IPSO	0	0	0	0
f_9	30	PSO	5.175e-012	7.617e-008	1.753e-007	+
		CPSO	0	3.528e-083	1.330e-082	+
		SGPSO	0	0	0	=
		SPPSO	0	0	0	=
		IPSO	0	0	0	
f_{10}	30	PSO	4.322e+003	3.074e+004	1.552e+004	+
		CPSO	1.053e-046	1.156e-045	9.561e-046	+
		SGPSO	2.633e+005	5.743e+006	1.658e+007	+
		SPPSO	0	0	0	=
		IPSO	0	0	0	
f_{11}	30	PSO	0	2.30e+000	1.218e+000	+
		CPSO	0	5.0e-002	2.236e-001	+
		SGPSO	0	6.0e-001	8.207e-001	+
		SPPSO	0	1.0e-001	3.077e-001	+
		IPSO	0	0	0	
f_{12}	30	PSO	2.726e-002	1.042e-001	6.103e-002	+
		CPSO	3.021e-003	8.510e-003	3.648e-003	+
		SGPSO	8.416e-004	6.749e-002	6.596e-002	+
		SPPSO	1.622e-004	5.527e-003	5.001e-003	=
		IPSO	1.240e-005	1.154e-004	1.041e-004	

续表

函数	n	算法	最优值	平均值	标准差	t-检验值
f_{13}	30	PSO	3.10e+001	5.427e+001	1.701e+001	+
		CPSO	0	1.492e−001	3.645e−001	+
		SGPSO	5.009e+001	9.297e+001	3.088e+001	+
		SPPSO	0	4.199e+000	4.124e+000	+
		IPSO	0	0	0	
f_{14}	30	PSO	3.679e+000	5.334e+000	1.146e+000	+
		CPSO	2.042e−014	1.862e−001	3.821e−001	+
		SGPSO	3.188e−001	4.478e+000	4.943e+000	+
		SPPSO	−8.881e−016	−8.881e−016	0	=
		IPSO	−8.881e−016	−8.881e−016	0	
f_{15}	30	PSO	9.580e−001	9.879e−001	1.125e−002	=
		CPSO	1.326e−003	2.868e−003	1.276e−003	=
		SGPSO	7.302e−003	2.320e−001	4.050e−001	=
		SPPSO	0	0	0	−
		IPSO	0	4.999e−002	2.236e−001	
f_{16}	30	PSO	3.960e−001	4.428e−001	2.449e−002	+
		CPSO	1.269e−001	1.617e−001	4.657e−002	+
		SGPSO	4.662e−001	4.903e−001	8.298e−003	+
		SPPSO	9.715e−003	9.716e−003	7.595e−009	+
		IPSO	0	0	0	
f_{17}	30	PSO	−71.597	−66.767	2.744e+000	+
		CPSO	−78.332	−78.332	1.458e−014	−
		SGPSO	−59.419	−59.208	3.028e−001	+
		SPPSO	−18.666	−18.483	2.287e−001	+
		IPSO	−78.332	−77.898	1.930e+000	
f_{18}	30	PSO	2.385e−001	1.796e+000	1.646e+000	+
		CPSO	4.272e−028	9.242e−016	7.778e−016	+
		SGPSO	7.870e−001	2.516e+000	1.762e+000	+
		SPPSO	0	0	0	=
		IPSO	0	0	0	
f_{19}	30	PSO	2.601e+001	5.396e+001	1.759e+001	+
		CPSO	0	0	0	+
		SGPSO	6.353e+001	1.026e+002	3.120e+001	+
		SPPSO	0	1.115e+000	1.663e+000	+
		IPSO	0	0	0	
f_{20}	30	PSO	3.541e−001	1.402e+000	8.568e−001	+
		CPSO	1.570e−032	2.073e−002	4.254e−002	+
		SGPSO	1.332e+001	1.944e+001	2.079e+001	+
		SPPSO	1.570e−032	3.926e−003	1.281e−002	+
		IPSO	7.291e−014	1.911e−005	6.823e−005	

续表

函数	n	算法	最优值	平均值	标准差	t-检验值
f_{21}	30	PSO	0	0	0	+
		CPSO	0	0	0	+
		SGPSO	0	0	0	+
		SPPSO	−1	−1	0	=
		IPSO	−1	−1	0	
f_{22}	30	PSO	4.973e+001	5.794e+001	8.160e+001	+
		CPSO	1.195e−006	3.431e−006	2.116e−006	+
		SGPSO	8.191e+001	1.077e+002	1.377e+001	+
		SPPSO	2.984e+001	4.711e+001	1.710e+001	+
		IPSO	0	0	0	
f_{23}	30	PSO	5.919e−001	1.647e+000	1.151e+000	+
		CPSO	6.947e−006	2.887e−005	1.585e−005	+
		SGPSO	3.235e+003	7.510e+003	3.956e+003	+
		SPPSO	2.305e+001	7.165e+002	1.042e+003	+
		IPSO	0	6.442e−110	2.037e−109	
f_{24}	30	PSO	3.726e+001	4.874e+001	9.543e+000	+
		CPSO	7.713e−007	4.627e−006	4.237e−006	+
		SGPSO	8.607e+001	1.183e+002	2.806e+001	+
		SPPSO	3.930e+001	6.538e+001	1.346e+001	+
		IPSO	0	0	0	
f_{25}	30	PSO	3.194e+001	3.628e+001	3.997e+000	+
		CPSO	1.949e+001	2.593e+001	2.582e+000	+
		SGPSO	3.173e+001	5.10e+001	1.319e+001	+
		SPPSO	3.347e+001	3.619e+001	1.699e+000	+
		IPSO	1.533e−004	2.306e−003	1.860e−003	

由表 9.6 可以看出，对于函数 $f_{12}, f_{16}, f_{22}\sim f_{25}$，IPSO 的性能要优于其他几个算法．对于函数 $f_1, f_2\sim f_{10}, f_{13}, f_{14}, f_{18}, f_{21}$，虽然 SPPSO 和 IPSO 的最优解具有相同的精度，但 IPSO 的结果要更好一些．对于函数 f_9，SGPSO、SPPSO 和 IPSO 具有相同的性能，但 IPSO 要更好一些．就 f_{15} 而言，IPSO 的最优解的精度略低于 SPPSO，但优于其他算法．此外，t-检验结果显示，除了 f_{15} 和 f_{17}，IPSO 在所有函数上的性能都优于或等于其他算法．

表 9.7　IPSO 与其他四种算法的性能结果比较（MaxFE = 6×10^4）

函数	n	算法	最优值	均值	标准差	t-检验
f_1	2	PSO	2.087e−042	5.450e−036	1.893e−035	+
		CPSO	7.908e−045	1.319e−038	2.675e−038	+
		SGPSO	1.739e−010	2.430e−007	5.500e−007	+
		SPPSO	0	0	0	=
		IPSO	0	0	0	

续表

函数	n	算法	最优值	均值	标准差	t-检验
f_2	2	PSO	−1.0316	−1.0316	1.247e−016	=
		CPSO	−1.0316	−1.0316	2.278e−016	=
		SGPSO	−1.0316	−1.0316	2.623e−005	=
		SPPSO	−1.0316	−1.0315	3.031e−005	=
		IPSO	−1.0316	−1.0316	1.554e−005	
f_3	30	PSO	2.274e−002	6.990e−002	4.308e−002	+
		CPSO	7.307e−105	6.983e−104	6.428e−104	+
		SGPSO	3.185e−002	3.899e+001	1.467e+002	+
		SPPSO	0	0	0	=
		IPSO	0	0	0	
f_4	30	PSO	1.180e+000	3.931e+000	2.013e+000	+
		CPSO	4.251e−055	1.136e−054	5.402e−055	+
		SGPSO	9.791e−001	2.474e+000	2.138e+000	+
		SPPSO	0	0	0	=
		IPSO	0	0	0	
f_5	30	PSO	6.369e−001	1.781e+000	8.066e−001	+
		CPSO	2.275e−010	7.274e−009	8.521e−009	+
		SGPSO	7.923e−001	3.466e+002	1.251e+003	+
		SPPSO	0	0	0	=
		IPSO	0	0	0	
f_6	30	PSO	1.091e+000	2.884e+000	1.407e+000	+
		CPSO	3.380e−005	1.945e−004	1.633e−004	+
		SGPSO	1.535e−001	2.982e+000	5.563e+000	+
		SPPSO	0	0	0	=
		IPSO	0	0	0	
f_7	30	PSO	2.615e−001	1.341e+000	9.686e+000	+
		CPSO	6.501e−108	4.099e−107	4.052e−107	+
		SGPSO	1.355e+000	7.110e+000	1.779e+001	+
		SPPSO	0	0	0	=
		IPSO	0	0	0	
f_8	30	PSO	7.090e−006	1.094e−003	1.137e−003	+
		CPSO	3.201e−216	3.934e−2137	0	+
		SGPSO	1.235e−006	4.905e−003	6.492e−003	+
		SPPSO	0	0	0	=
		IPSO	0	0	0	
f_9	30	PSO	3.816e−012	1.559e−008	3.248e−008	+
		CPSO	0	1.347e−153	5.867e−153	+
		SGPSO	0	0	0	=
		SPPSO	0	0	0	=
		IPSO	0	0	0	

续表

函数	n	算法	最优值	均值	标准差	t-检验
f_{10}	30	PSO	2.843e+002	5.702e+003	9.071e+003	+
		CPSO	1.432e-101	1.841e-100	1.489e-100	+
		SGPSO	5.095e+004	2.328e+006	4.479e+006	+
		SPPSO	0	0	0	=
		IPSO	0	0	0	
f_{11}	30	PSO	1.0e+000	2.650e+000	1.496e+000	+
		CPSO	0	5.0e-002	2.236e-001	+
		SGPSO	0	1.50e-001	3.663e-001	+
		SPPSO	0	3.0e-001	5.712c-001	+
		IPSO	0	0	0	
f_{12}	30	PSO	9.858e-003	5.995e-002	3.293e-002	+
		CPSO	2.665e-003	6.297e-003	2.002e-003	+
		SGPSO	3.332e-003	7.696e-002	7.304e-002	+
		SPPSO	3.618e-004	2.551e-003	2.472e-003	+
		IPSO	5.954e-007	4.152e-005	3.418e-005	
f_{13}	30	PSO	2.952e+001	4.749e+001	1.213e+001	+
		CPSO	0	4.974e-002	2.224e-001	+
		SGPSO	4.146e+001	9.797e+001	3.231e+001	+
		SPPSO	0	1.346e+000	1.038e+000	+
		IPSO	0	0	0	
f_{14}	30	PSO	3.795e+000	5.612e+000	1.153e+000	+
		CPSO	1.332e-014	1.247e-001	3.852e-001	+
		SGPSO	2.729e-001	3.116e+000	3.677e+000	+
		SPPSO	-8.881e-016	-8.881e-016	0	=
		IPSO	-8.881e-016	-8.881e-016	0	
f_{15}	30	PSO	3.035e-001	9.494e-001	1.534e-001	+
		CPSO	2.739e-005	1.349e-004	9.064e-005	+
		SGPSO	3.179e-003	1.470e-001	3.346e-001	+
		SPPSO	0	0	0	=
		IPSO	0	0	0	
f_{16}	30	PSO	3.960e-001	4.367e-001	2.256e-001	+
		CPSO	7.818e-002	1.527e-001	4.456e-002	+
		SGPSO	2.727e-001	3.775e-001	9.678e-002	+
		SPPSO	9.715e-003	9.717e-003	3.866e-010	+
		IPSO	0	0	0	
f_{17}	30	PSO	-69.783	-67.161	1.721e+000	+
		CPSO	-78.332	-78.332	3.005e-014	=
		SGPSO	-66.959	-66.549	9.269e-001	+
		SPPSO	-18.333	-17.500	3.153e-001	+
		IPSO	-78.332	-78.332	1.583e-014	

续表

函数	n	算法	最优值	均值	标准差	t-检验
f_{18}	30	PSO	2.350e−001	1.047e+000	1.048e+000	+
		CPSO	1.735e−057	7.216e−016	6.622e−016	+
		SGPSO	1.116e+000	3.211e+000	3.019e+000	+
		SPPSO	0	0	0	=
		IPSO	0	0	0	
f_{19}	30	PSO	2.085e+001	4.792e+001	1.678e+001	+
		CPSO	0	0	0	=
		SGPSO	6.177e+001	9.704e+001	2.499e+001	+
		SPPSO	0	1.300e+000	1.780e+000	+
		IPSO	0	0	0	
f_{20}	30	PSO	6.164e−003	9.620e−001	1.053e+000	+
		CPSO	1.570e−032	2.073e−002	7.212e−002	+
		SGPSO	1.083e+001	2.097e+001	4.160e+001	+
		SPPSO	1.570e−032	1.308e−003	5.854e−003	+
		IPSO	1.687e−022	3.278e−007	1.381e−00	
f_{21}	30	PSO	0	0	0	+
		CPSO	0	0	0	+
		SGPSO	0	0	0	+
		SPPSO	−1	−1	0	=
		IPSO	−1	−1	0	
f_{22}	30	PSO	2.434e+001	4.935e+001	1.508e+001	+
		CPSO	0	0	0	=
		SGPSO	6.638e+001	8.578e+001	2.327e+001	+
		SPPSO	2.501e+001	3.723e+001	1.131e+001	+
		IPSO	0	0	0	
f_{23}	30	PSO	5.992e−002	2.483e−001	1.296e−001	+
		CPSO	1.025e−016	5.053e−016	4.321e−016	+
		SGPSO	7.661e+002	3.920e+003	3.557e+003	+
		SPPSO	5.825e+000	1.877e+002	4.022e+002	+
		IPSO	0	5.213e−137	1.648e−136	
f_{24}	30	PSO	3.493e+001	5.115e+001	1.188e+001	+
		CPSO	0	0	0	=
		SGPSO	5.018e+001	9.490e+001	1.823e+001	+
		SPPSO	3.224e+001	4.213e+001	6.634e+000	+
		IPSO	0	0	0	
f_{25}	30	PSO	2.883e+001	3.360e+001	4.708e+000	+
		CPSO	1.786e+001	2.224e+001	2.058e+000	+
		SGPSO	3.261e+001	4.822e+001	2.124e+001	+
		SPPSO	3.083e+001	3.246e+001	1.254e+000	+
		IPSO	5.297e−005	3.362e−004	4.656e−004	

表 9.7 显示，随着最大函数计算次数 MaxFE 的增加，IPSO 的性能得到了极大改善. 此外，我们还发现了一个有趣的现象，即 IPSO 在求解旋转函数时比其他算法更有效.

总体而言，IPSO 的性能是五种算法中最好的.

9.2.3　IPSO 与其他改进 PSO 算法的比较

在本小节中，将 IPSO 与 FIPS-PSO[135]、CLPSO[136]、APSO[126]、SSG-PSO[153]、SSG-PSO-BFGS[153]和 SSG-PSO-PS[153]进行比较.

本试验选取了 20 个基准函数来比较它们的性能，这些函数包括单峰函数、多峰函数、非标度函数和旋转函数四种类型，如表 9.8 所示，其中，$f_1 \sim f_5$ 为单峰函数，$f_6 \sim f_9$ 为多峰函数，$f_{10} \sim f_{12}$ 为非标度函数，$f_{13} \sim f_{20}$ 为旋转函数. 除 IPSO 外，这些算法的结果直接取自文献[153]，它们的性能比较结果如表 9.9 所示. 为了公平起见，参数的设置与文献[153]一致，$\omega = 1 - 0.5t/\text{ItMax}$，$c_1 = c_2 = 2$，$\text{ItMax} = 7500$，$\text{MaxEF} = 3\times10^5$，种群大小 $N_\text{p} = 40$，所有函数的维度设置为 30.

表 9.8　基准函数

函数	区间	最优值
$f_1 = \sum_{i=1}^{n} x_i^2$	[−500,500]	0
$f_2 = \sum_{i=1}^{n-1}\left[100(x_i^2 - x_{i+1})^2 + (x_i - 1)^2\right]$	[−2.048,2.048]	0
$f_3 = \sum_{i=1}^{n}\left(\sum_{j=1}^{i} x_j\right)^2$	[−10,10]	0
$f_4 = \max_i \{\lvert x_i\rvert, 1 \leqslant i \leqslant n\}$	[−10,10]	0
$f_5 = \sum_{i=1}^{n}\lvert x_i\rvert + \prod_{i=1}^{n}\lvert x_i\rvert$	[−5.12,5.12]	0
$f_6 = \sum_{i=1}^{n}\left[x_i^2 - 10\cos(2\pi x_i) + 10\right]$	[−5.12,5.12]	0
$f_7 = \sum_{i=1}^{n}\left[y_i^2 - 10\cos(2\pi y_i) + 10\right]$ 如果 $\lvert x_i\rvert < \frac{1}{2}$，$y_i = x_i$；否则 $y_i = \frac{\text{rand}(2x_i)}{2}$	[−600,600]	0
$f_8 = -20\exp\left(-0.2\sqrt{\frac{1}{n}\sum_{i=1}^{n} x_i^2}\right) - \exp\left[\frac{1}{n}\sum_{i=1}^{n}\cos(2\pi x_i)\right] + 20 + \mathrm{e}$	[−32,32]	0
$f_9 = \frac{1}{4000}\sum_{i=1}^{n} x_i^2 - \prod_{i=1}^{n}\cos\left(\frac{x_i}{\sqrt{i}}\right) + 1$	[−600,600]	0

续表

函数	区间	最优值
$f_{10}=\sum_{i=1}^{n-1}\left\{1000\left[(a_ix_i)^2-(a_{i+1}x_{i+1})\right]^2+(a_ix_i-1)^2\right\}$ $a_i=100^{\frac{i-1}{n-1}}$	[−4.196,4.196]	0
$f_{11}=\sum_{i=1}^{n-1}\left[(a_ix_i)^2-10\cos(2\pi a_ix_i)+10\right]$ $a_i=10^{\frac{i-1}{n-1}}$	[−600,600]	0
$f_{12}=\sum_{i=1}^{n-1}\left[(a_ix_i)^2-10\cos(2\pi a_ix_i)+10\right]$ $a_i=1000^{\frac{i-1}{n-1}}$	[−32,32]	0
$f_{13}=\sum_{i=1}^{n}z_i^2$，$z=Mx$	[−500,500]	0
$f_{14}=\sum_{i=1}^{n-1}\left[100(z_i^2-z_{i+1})^2+(z_i-1)^2\right]$，$z=Mx$	[−2.048,2.048]	0
$f_{15}=\max_i\left\{\lvert z_i\rvert,1\leqslant i\leqslant n\right\}$，$z=Mx$	[−10,10]	0
$f_{16}=\sum_{i=1}^{n}\left[z_i^2-10\cos(2\pi z_i)+10\right]$，$z=Mx$	[−5.12,5.12]	0
$f_{17}=-20\exp\left(-0.2\sqrt{\frac{1}{n}\sum_{i=1}^{n}z_i^2}\right)$ $-\exp\left[\frac{1}{n}\sum_{i=1}^{n}\cos(2\pi z_i)\right]+20+\mathrm{e}$，$z=Mx$	[−32,32]	0
$f_{18}=\frac{1}{4000}\sum_{i=1}^{n}z_i^2-\prod_{i=1}^{n}\cos\left(\frac{z_i}{\sqrt{i}}\right)+1$，$z=Mx$	[−600,600]	0
$f_{19}=\sum_{i=1}^{n}(20^{\frac{i-1}{n-1}}z_i)^2$，$z=Mx$	[−100,100]	0
$f_{20}=\sum_{i=1}^{n}(1000z_1)^2+\sum_{i=2}^{n}z_i^2$，$z=Mx$	[−100,100]	0

表 9.9　IPSO 和其他 PSO 算法的性能结果比较

函数	算法	平均值	标准差	Suc.	排名
f_1	FIPS-PSO	0	0	30	1
	CLPSO	0	0	30	1
	APSO	0	0	30	1
	SSG-PSO	0	0	30	1
	SSG-PSO-BFGS	0	0	30	1
	SSG-PSO-PS	0	0	30	1
	IPSO	0	0	30	1

续表

函数	算法	平均值	标准差	Suc.	排名
f_2	FIPS-PSO	2.52e+001	9.08e−001	0	7
	CLPSO	2.34e+001	3.79e+000	0	5
	APSO	2.38e+001	7.05e+001	0	6
	SSG-PSO	2.12e+001	1.84e+000	0	4
	SSG-PSO-BFGS	5.73e−011	8.08e−012	30	2
	SSG-PSO-PS	6.90e+000	1.25e+000	0	3
	IPSO	0	0	30	1
f_3	FIPS-PSO	2.08e+002	8.98e+001	0	7
	CLPSO	1.34e+002	2.44e+002	0	6
	APSO	9.91e−003	5.03e−002	0	3
	SSG-PSO	1.24e+001	1.35e+001	0	4
	SSG-PSO-BFGS	2.57e−014	4.58e−014	30	2
	SSG-PSO-PS	4.16e+001	2.31e+000	0	5
	IPSO	0	0	30	1
f_4	FIPS-PSO	6.25e−002	4.34e−003	0	6
	CLPSO	6.61e−003	4.21e−003	0	4
	APSO	2.24e−001	6.85e−001	0	7
	SSG-PSO	2.77e−002	1.47e−002	0	5
	SSG-PSO-BFGS	3.77e−006	1.63e−006	30	3
	SSG-PSO-PS	1.23e−015	3.25e−016	30	2
	IPSO	0	0	30	1
f_5	FIPS-PSO	1.64e−009	5.59e−010	30	7
	CLPSO	7.52e−020	5.69e−019	30	6
	APSO	4.25e−023	7.44e−021	30	4
	SSG-PSO	2.75e−025	1.96e−025	30	3
	SSG-PSO-BFGS	1.04e−026	7.54e−026	30	2
	SSG-PSO-PS	9.33e−022	1.23e−022	30	5
	IPSO	0	0	30	1
f_6	FIPS-PSO	6.39e+001	1.12e+001	0	7
	CLPSO	0	0	30	1
	APSO	4.52e+000	1.35e+000	0	6
	SSG-PSO	0	0	30	1
	SSG-PSO-BFGS	0	0	30	1
	SSG-PSO-PS	0	0	30	1
	IPSO	0	0	30	1
f_7	FIPS-PSO	5.44e+001	2.63e+001	0	7
	CLPSO	0	0	30	1
	APSO	3.21e+000	6.32e+000	0	6
	SSG-PSO	0	0	30	1
	SSG-PSO-BFGS	0	0	30	1
	SSG-PSO-PS	0	0	30	1
	IPSO	0	0	30	1

续表

函数	算法	平均值	标准差	Suc.	排名
f_8	FIPS-PSO	1.39e−008	2.98e−009	30	6
	CLPSO	7.77e−014	1.49e−018	30	5
	APSO	6.34e−002	1.43e+000	0	7
	SSG-PSO	7.25e−015	1.74e−016	30	3
	SSG-PSO-BFGS	4.97e−015	1.73e−015	30	2
	SSG-PSO-PS	1.25e−014	6.32e−015	30	4
	IPSO	−8.881e−016	−8.881e−016	30	1
f_9	FIPS-PSO	1.39e−008	2.98e−009	30	1
	CLPSO	7.77e−014	1.49e−018	30	1
	APSO	6.34e−002	1.43e+000	0	1
	SSG-PSO	7.25e−015	1.74e−016	30	1
	SSG-PSO-BFGS	4.97e−015	1.73e−015	30	1
	SSG-PSO-PS	1.25e−014	6.32e−015	30	1
	IPSO	0	0	30	1
f_{10}	FIPS-PSO	7.37e+004	3.14e+005	0	6
	CLPSO	4.94e+001	4.32e+001	0	5
	APSO	4.06e+006	5.42e+006	0	7
	SSG-PSO	3.59e+001	3.22e+001	0	4
	SSG-PSO-BFGS	2.21e+001	3.07e+001	0	3
	SSG-PSO-PS	1.81e+000	1.05e+000	0	1
	IPSO	2.035e+001	2.156e−002	0	2
f_{11}	FIPS-PSO	7.37e+004	9.23e+000	0	7
	CLPSO	0	0	30	1
	APSO	1.98e+000	2.44e+001	0	6
	SSG-PSO	0	0	30	1
	SSG-PSO-BFGS	0	0	30	1
	SSG-PSO-PS	0	0	30	1
	IPSO	0	0	30	1
f_{12}	FIPS-PSO	4.59e+001	2.38e+001	0	7
	CLPSO	0	0	30	1
	APSO	1.49e+001	5.24e+001	0	6
	SSG-PSO	0	0	30	1
	SSG-PSO-BFGS	0	0	30	1
	SSG-PSO-PS	0	0	30	1
	IPSO	0	0	30	1
f_{13}	FIPS-PSO	7.54e−013	3.26e−013	30	7
	CLPSO	4.21e−017	6.18e−018	30	6
	APSO	3.24e−020	5.45e−019	30	5
	SSG-PSO	5.28e−022	8.71e−022	30	4
	SSG-PSO-BFGS	2.29e−027	3.74e−027	30	2
	SSG-PSO-PS	1.97e−024	8.65e−025	30	3
	IPSO	0	0	30	1

续表

函数	算法	平均值	标准差	Suc.	排名
f_{14}	FIPS-PSO	2.89e+001	4.15e+000	0	6
	CLPSO	2.64e+001	1.21e+000	0	5
	APSO	7.83e+001	8.24e+000	0	7
	SSG-PSO	2.53e+001	6.91e−001	0	4
	SSG-PSO-BFGS	3.98e−010	1.22e−010	30	2
	SSG-PSO-PS	2.50e+001	1.41e+001	0	3
	IPSO	2.434e−029	1.003e−028	30	1
f_{15}	FIPS-PSO	1.36e−004	4.89e−005	30	3
	CLPSO	1.51e−001	4.64e−003	0	6
	APSO	8.05e−001	1.24e−001	0	7
	SSG-PSO	7.25e−004	3.02e−004	0	5
	SSG-PSO-BFGS	8.15e−006	7.15e−006	30	2
	SSG-PSO-PS	4.40e−004	2.31e−004	0	4
	IPSO	0	0	30	1
f_{16}	FIPS-PSO	1.75e+002	8.79e+000	0	7
	CLPSO	1.08e+002	1.36c+001	0	6
	APSO	1.02e+002	1.24e+003	0	5
	SSG-PSO	4.65e+001	1.12e+001	0	4
	SSG-PSO-BFGS	4.10e+001	1.43e+001	0	2
	SSG-PSO-PS	4.44e+001	6.43e+001	0	3
	IPSO	0	0	30	1
f_{17}	FIPS-PSO	2.24e−008	5.60e−009	30	6
	CLPSO	2.76e−003	3.25e−003	0	7
	APSO	3.62e−010	9.94e−010	30	5
	SSG-PSO	5.86e−014	1.55e−013	30	3
	SSG-PSO-BFGS	4.59e−015	2.64e−015	30	2
	SSG-PSO-PS	6.16e−014	1.95e−013	30	4
	IPSO	−8.881e−016	−8.881e−016	30	1
f_{18}	FIPS-PSO	1.14e−003	3.00e−003	0	5
	CLPSO	2.66e−003	2.12e−003	0	6
	APSO	1.72e−002	2.41e−001	0	7
	SSG-PSO	1.02e−005	4.86e−005	30	4
	SSG-PSO-BFGS	1.47e−016	3.03e−016	30	2
	SSG-PSO-PS	1.52e−006	2.84e−006	30	3
	IPSO	0	0	30	1
f_{19}	FIPS-PSO	1.51e+003	7.14e+002	0	6
	CLPSO	4.88e+003	1.38e+003	0	7
	APSO	1.25e+003	2.12e+004	0	5
	SSG-PSO	7.72e+002	8.86e+002	0	4
	SSG-PSO-BFGS	2.44e−016	4.38e−016	30	2
	SSG-PSO-PS	5.13e+001	3.24e+001	0	3
	IPSO	0	0	30	1

续表

函数	算法	平均值	标准差	Suc.	排名
f_{20}	FIPS-PSO	8.45e+002	2.14e+002	30	7
	CLPSO	3.35e+002	1.34e+002	0	5
	APSO	7.41e+002	8.44e+002	0	6
	SSG-PSO	3.02e+002	1.10e+002	0	4
	SSG-PSO-BFGS	2.23e−012	2.40e−012	30	2
	SSG-PSO-PS	2.14e−002	6.54e−002	0	3
	IPSO	0	0	30	1

通过对每个函数独立运行 IPSO 算法 30 次获得比较结果，包括平均值、标准差、每个函数获得满意解的数量（Suc.），以及基于平均值的每个算法的性能等级排名．由于每个函数的理论最优目标函数值均为 0，文献[153]中指出当 $f(x^*)<1\times10^{-5}$ 时，x^* 将被视为满意解．

表 9.9 表明，IPSO 的性能排名第一，IPSO 对所有测试函数，除函数 f_{10}，均能获得比其他算法更好的结果．对于单峰函数 $f_1\sim f_5$，IPSO 和其他 6 种算法在求解 f_1 时具有相同的结果，在求解 $f_2\sim f_5, f_8, f_9, f_{13}\sim f_{20}$ 时，IPSO 的解的精度优于其他算法．对于多峰函数 f_6, f_7, f_9，FIPS-PSO 和 APSO 的求解效率不高，其他算法的效率几乎相同．对于非标度函数 f_{11}, f_{12}，FIPS-PSO 和 APSO 的求解效率同样不高，其他几个算法均可以找到最优解．对于旋转函数 $f_{13}, f_{15}\sim f_{20}$，IPSO 的性能比其他算法要好得多．同时，从统计结果的“Suc.”列可以看出，IPSO 可以找到几乎所有测试函数的满意解，概率为 100%．

上述试验的比较结果表明，IPSO 在求解所有测试函数时总体上具有最佳性能．

第 10 章　基于概率选择的萤火虫算法

基本萤火虫算法选择的是完全吸引的方式，即对于任意一只萤火虫，在搜索空间中只要有比它亮的萤火虫它都会朝其移动．显然，此种方式会在搜索过程中造成振荡现象，从而降低算法的稳定性．

针对萤火虫算法的研究，大致可以分为以下四类：

1）通过与其他算法结合进行改进．根据 No-Free-Lunch 定理可知，一般情况下，一种算法并不是对所有问题都有效，所以将两种算法或多种算法结合起来可以改善原算法的性能．

2）对参数的改进．

3）在算法中加入一些优化技巧进行改进，如反向学习、混沌搜索、列维飞行等．

4）采用不同的萤火虫之间的吸引方式，一种好的吸引方式会降低算法的时间计算复杂度．

本章提出了一种新的吸引方式，其主要思想是，首先，对于萤火虫 $\boldsymbol{x}_i$，我们将种群中比萤火虫 $\boldsymbol{x}_i$ 的适应度值好的萤火虫个体放在集合 K 中．然后，通过概率选择策略从集合 K 中选取任意一只萤火虫并朝其移动．如果萤火虫 $\boldsymbol{x}_i$ 的适应度值是最优的，那么将引入反向学习策略使其移动．反向学习策略的引入不仅可以给最优个体提供了一个移动方向，而且可以增加种群的多样性．

另外，本章还提出了一种递减的步长因子，它可以平衡算法的收敛速度和解的精确性．

基于上述措施，本章提出一个改进的萤火虫算法（firefly algorithm with specific probability，pFA），下面介绍其具体过程．

10.1　pFA

在 pFA 中，为了通过概率的方式选出精英萤火虫，首先计算每一只萤火虫的适应度值，如式（10-1）所示：

$$\text{fit}=\begin{cases}\dfrac{1}{1+f(\boldsymbol{x}_i)}, & \text{如果} f(\boldsymbol{x}_i)\geqslant 0,\\ 1+\left|f(\boldsymbol{x}_i)\right|, & \text{否则},\end{cases} \tag{10-1}$$

其中，$f(\boldsymbol{x}_i)$ 是萤火虫 $\boldsymbol{x}_i$ 的目标函数值.

然后，把适应度值比萤火虫 $\boldsymbol{x}_i$ 优的个体置于集合 K 中. 最后，我们以比例选择法去选择萤火虫 $\boldsymbol{x}_i$ 的移动方向，其公式为

$$p=\frac{\operatorname{fit}(\boldsymbol{x}_k)}{\sum\limits_{t\in K}\operatorname{fit}(\boldsymbol{x}_t)}, \tag{10-2}$$

其中，$\boldsymbol{x}_k$ 是属于集合 K 的.

对于萤火虫 $\boldsymbol{x}_i$，依式（10-2）随机选取一个个体作为萤火虫 $\boldsymbol{x}_i$ 的移动对象. 通过这种方式，可以淘汰掉那些较差的个体，从而减轻萤火虫 $\boldsymbol{x}_i$ 的选择压力. 此外，由式（10-2）可以看出，越优秀的个体被选中的概率越大. 因此，该方法具有加速收敛、提高寻优精度和减轻萤火虫 $\boldsymbol{x}_i$ 的选择压力等优点. 针对萤火虫 $\boldsymbol{x}_i$ 是整个种群最优的个体的情况，为了充分利用萤火虫自身的信息，我们采用了反向学习策略.

基于以上所述，萤火虫的移动方程可以由下式表示：

$$\boldsymbol{x}_i^{t+1}=\begin{cases}\boldsymbol{x}_i^t+\beta_0\mathrm{e}^{-\gamma r_{ij}^2}(\boldsymbol{x}_k^t-x_i^t)+\alpha(\mathrm{rand}-0.5), & \text{如果} K\neq\varnothing,\\ \boldsymbol{l}+\boldsymbol{u}-\boldsymbol{x}_i^t, & \text{否则},\end{cases} \tag{10-3}$$

其中，$\boldsymbol{u}$ 和 $\boldsymbol{l}$ 分别是变量的上界和下界，$\boldsymbol{x}_k$ 是通过式（10-2）从集合 K 中选取的. 对于步长 α，算法采用下式进行更新：

$$\alpha_t=\alpha_0\alpha_{t-1}, \tag{10-4}$$

其中，$\alpha_0=0.7$，$\alpha_1=0.25$.

10.1.1 pFA 的伪代码及流程图

pFA 的伪代码如下.

步骤 1 初始化种群 N_p，$\{\boldsymbol{x}_i\,|\,i=1,2,\cdots,N_\mathrm{p}\}$，最大迭代次数 ItMax，$t=1$.

步骤 2 当 $t<=\mathrm{ItMax}$ 时

  对于 $i=1:N_\mathrm{p}$

    用式（10-1）计算所有萤火虫的适应度值.

    把适应度值比萤火虫 $\boldsymbol{x}_i$ 优的个体放入集合 K 中.

    通过式（10-2）从集合 K 中选取个体 $\boldsymbol{x}_k$.

    根据式（10-3）移动萤火虫 $\boldsymbol{x}_i$.

    计算新解的适应度值.

    找出当前最优解.

步骤 3 置 $t=t+1$.

步骤 4 结束.

pFA 的流程图如图 10.1 所示.

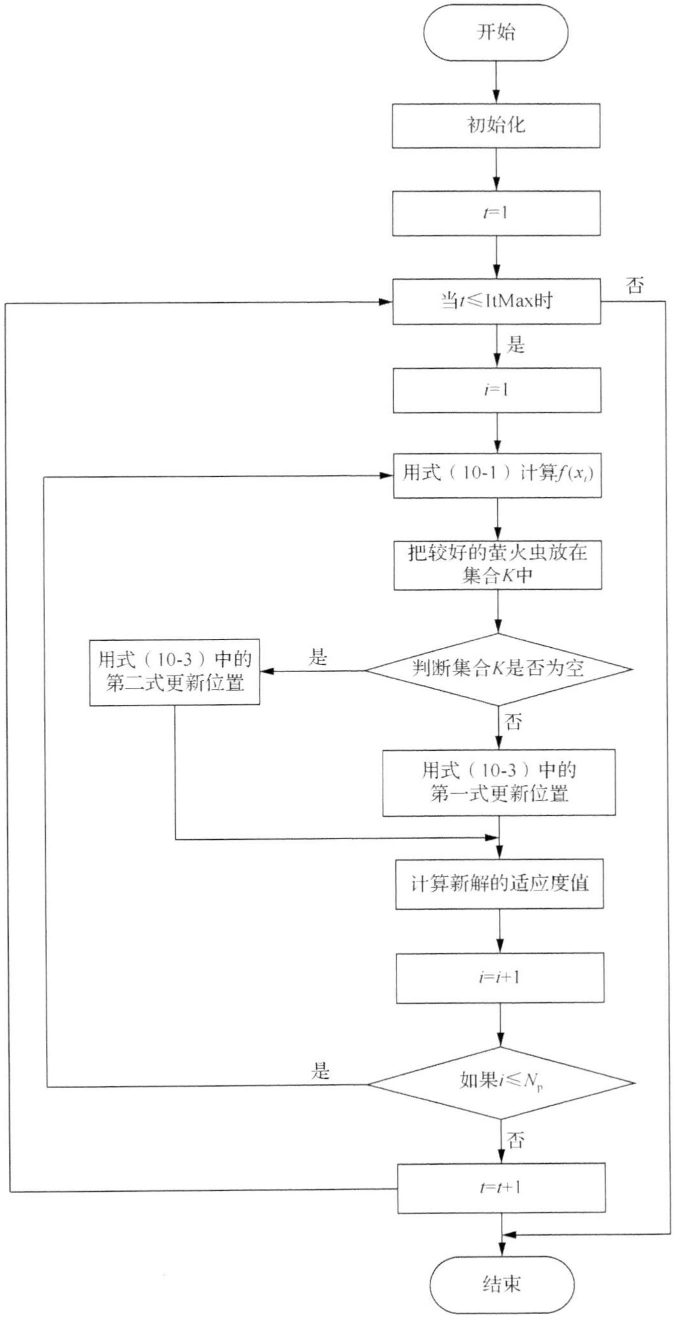

图 10.1　pFA 的流程图

10.1.2　计算复杂度分析

对于最优化问题(f)，我们假定$O(f)$代表估计函数值的计算复杂度．那么，基本 FA[79]的复杂度为$O(\text{ItMax}\times N_{\text{p}}^2\times f)$，NaFA 和 RaFA 的计算复杂度分别为$O(\text{ItMax}\times k\times N_{\text{p}}\times f)$和$O(\text{ItMax}\times N_{\text{p}}\times f)$．而pFA的计算复杂度为$O(\text{ItMax}\times N_{\text{p}}\times f)$．因此，从计算复杂度方面来说，pFA 优于基本 FA 和 NaFA 而等同于 RaFA．

10.2　试验结果与分析

为了验证 pFA 的性能，本节从 CEC 2005 中选取了 21 个基准函数，并对 pFA 和其他改进的 FA 及差分进化算法及其改进做了数值试验方面的比较．在这 21 个基准函数中，$f_1\sim f_9$是单峰函数，f_{10}属于噪声函数，$f_{11}\sim f_{18}$属于多峰函数，f_{19}，f_{20}属于正交函数，f_{21}是平移函数．这些函数的具体特征如表 10.1 所示．

表 10.1　基准函数

基准函数	区间	最优值
$f_1=\sum_{i=1}^{n}x_i^2$	[−100,100]	0
$f_2=\sum_{i=1}^{n}\lvert x_i\rvert+\prod_{i=1}^{n}\lvert x_i\rvert$	[−10,10]	0
$f_3=\sum_{i=1}^{n}\left(\sum_{j=1}^{i}x_j\right)^2$	[−100,100]	0
$f_4=\max\{\lvert x_i\rvert,1\leqslant i\leqslant n\}$	[−100,100]	0
$f_5=\sum_{i=1}^{n}ix_i^2$	[−10,10]	0
$f_6=\sum_{i=1}^{n}ix_i^4$	[−1.28,1.28]	0
$f_7=\sum_{i=1}^{n}\lvert x_i\rvert^{i+1}$	[−1,1]	0
$f_8=\sum_{i=1}^{n}(10^6)^{\frac{i-1}{n-1}}x_i^2$	[−100,100]	0
$f_9=\sum_{i=1}^{n}(\lfloor x_i+0.5\rfloor)^2$	[−1.28,1.28]	0
$f_{10}=\sum_{i=1}^{n}ix_i^4+\text{rand}[0,1)$	[−1.28,1.28]	0
$f_{11}=\sum_{i=1}^{n}\left[x_i^2-10\cos(2\pi x_i)+10\right]$	[−5.12,5.12]	0

续表

基准函数	区间	最优值
$f_{12}=-20\exp\left(-0.2\sqrt{\frac{1}{n}\sum_{i=1}^{n}x_i^2}\right)-\exp\left[\frac{1}{n}\sum_{i=1}^{n}\cos(2\pi x_i)\right]+20+\mathrm{e}$	[−32,32]	0
$f_{13}=\frac{1}{4000}\sum_{i=1}^{n}x_i^2-\prod_{i=1}^{n}\cos\left(\frac{x_i}{\sqrt{i}}\right)+1$	[−600,600]	0
$f_{14}=\frac{1}{4000}\sum_{i=1}^{n}x_i^2-\prod_{i=1}^{n}\cos\left(\frac{x_i}{\sqrt{i}}\right)+1$	[−100,100]	0
$f_{15}=\frac{\sum_{i=1}^{n}(x_i^4-16x_i^2+5x_i)}{n}$	[−5,5]	0
$f_{16}=\sum_{i=1}^{n}\lvert x_i\sin(x_i)+0.1x_i\rvert$	[−10,10]	0
$f_{17}=\begin{cases}\sum_{i=1}^{n}\left[x_i^2-10\cos(2\pi x_i)+10\right], & \lvert x_i\rvert<0.5,\\ \sum_{i=1}^{n}\left\{\left[\frac{\mathrm{rand}(2x_i)}{2}\right]^2-10\cos\left[\pi\mathrm{rand}(2x_i)\right]+10\right\}, & \lvert x_i\rvert\geqslant 0.5\end{cases}$	[−5.12,5.12]	−78.3333
$f_{18}=\frac{\pi}{n}10\sin^2(\pi y_1)+\frac{\pi}{n}\sum_{i=1}^{n}(y_i-1)^2\left[1+10\sin^2(\pi y_{i+1})\right]+\frac{\pi}{n}(y_n-1)^2+\sum_{i=1}^{n}u(x_i,10,100,4)$ $y_i=1+\frac{x_i+1}{4}$，$u(x_i,a,k,m)=\begin{cases}k(x_i-a)^m, & x_i>a,\\ 0, & -a\leqslant x_i\leqslant a,\\ k(-x_i-a)^m, & x_i<-a\end{cases}$	[−50,50]	0
$f_{19}=\sum_{i=1}^{n}(20^{\frac{i-1}{n-1}}z_i)^2$，$z=Mx$	[−100,100]	0
$f_{20}=(1000x_1)^2+\sum_{i=2}^{n}z_i^2$，$z=Mx$	[−100,100]	0
$f_{21}=\sum_{i=1}^{n}z_i^2$，$z=x-o$	[−100,100]	0

10.2.1　参数设置

为了保证试验比较的公平性，对所有的算法 FA[77]、NaFA[93]、RaFA[154]及 pFA，种群的大小都设置为 40，最大迭代次数为 2500，参数 β_0 和 γ 均设置为 1．除了 pFA，步长 α 都设置为 0.25，而 pFA 中的步长 α，我们将在试验 1 中进行讨论．此外，在 NaFA 中，其邻居的个数 K 仍设置为 3．为了进一步分析 pFA 的性能，所有算法均在维数为 30、50 和 100 的条件下运行 30 次．最后，我们从最优值、平均值和标准差三个方面的数据来进行分析比较．

10.2.2　试验 1：确定 α_0 和 α_1 的值

在式（10-4）中，α_0 和 α_1 起着关键的作用，因此，我们在本小节中对它们的取值进行深入讨论．在迭代的初期，我们希望算法能够在整个搜索空间进行搜索，即算法具有较强的全局搜索能力．随着迭代的进行，我们希望算法能够较多地进行局部搜索，即算法具有较强的局部搜索能力．为实现此目的，α 应当随着迭代的进行而递减．因此，我们先令 α_0 的值为 0.1,0.3,0.5,0.7,0.9，α_1 的值为 0.15,0.35,0.55,0.75,0.95．然后设定问题的维数为 30，最后，在表 10.1 所示的 21 个基准函数上进行试验，结果如表 10.2 和表 10.3 所示．

表 10.2　$\alpha_1 = 0.25$ 时 pFA 对于不同 α_0 值在 30 维基准函数上的结果比较

函数	$\alpha_0 = 0.1$	$\alpha_0 = 0.3$	$\alpha_0 = 0.5$	$\alpha_0 = 0.7$	$\alpha_0 = 0.9$
f_1	0(0)	0(0)	0(0)	0(0)	1.03e−224(0)
f_2	1.59e−280(0)	6.39e−281(0)	1.80e−281(0)	3.08e−279(0)	4.37e−113 (4.58e−113)
f_3	1.78e−119 (9.76e−119)	1.64e−158 (9.03e−158)	6.35e−155 (3.48e−154)	1.65e−133 (9.06e−133)	3.50e−140 (1.40e−140)
f_4	2.66e−242(0)	2.64e−240(0)	9.00e−243(0)	1.19e−241(0)	4.46e−113 (5.38e−114)
f_5	0(0)	0(0)	0(0)	0(0)	1.55e−225(0)
f_6	0(0)	0(0)	0(0)	0(0)	(0)
f_7	0(0)	0(0)	0(0)	0(0)	1.36e−234(0)
f_8	0(0)	0(0)	0(0)	0(0)	3.28e−220(0)
f_9	0(0)	0(0)	0(0)	0(0)	2.2396e−63 (1.1914e−62)
f_{10}	1.06e−05 (1.02e−05)	1.08e−05 (9.68e−05)	1.39e−05 (1.88e−05)	1.30e−05 (1.35e−05)	8.94e−06 (9.51e−06)
f_{11}	0(0)	0(0)	0(0)	0(0)	0(0)
f_{12}	3.49e−15 (1.52e−15)	3.13e−15 (1.22e−15)	3.37e−15 (1.44e−15)	3.49e−15 (1.52e−15)	8.94e−15 (3.45e−15)
f_{13}	0(0)	0(0)	0(0)	0(0)	0(0)
f_{14}	0.0097(6.23e−11)	0.0097(3.41e−07)	0.0097(3.3167e−10)	0.0097(2.16e−07)	0.0097(1.01e−10)
f_{15}	−38.4619(2.0583)	−39.0839(2.3885)	−38.9468(2.2689)	−39.52(2.4386)	−46.8126(4.8447)
f_{16}	1.78e−278(0)	1.97e−280(0)	2.85e−282(0)	1.21e−282(0)	0.0034(0.0064)
f_{17}	0(0)	0(0)	0(0)	0(0)	0(0)
f_{18}	0.7996(0.2319)	0.8171(0.2756)	0.7627(0.2608)	0.8048(0.3094)	0.0468(0.0267)
f_{19}	1.86e−12 (1.02e−11)	1.09e−13 (6.00e−13)	5.46e−12 (2.52e−11)	9.41e−18 (5.14e−17)	4.06e−15 (2.18e−14)
f_{20}	0(0)	0(0)	0(0)	0(0)	2.28e−221(0)
f_{21}	0.0094(1.00e−11)	0.0110(1.21e−10)	0.0064(2.83e−18)	0.0108(9.11e−19)	0.0115(2.73e−18)

由表 10.2 可知，对多数函数而言，α_0 的最优取值范围是 $[0.5,0.7]$. 对函数 f_{18}，$\alpha_0=0.9$ 是最好的，而对函数 f_{19}, f_{21}，$\alpha_0=0.7$ 是最好的. 由表 10.3 可知，f_3 在 $\alpha_1=0.55$ 时，其最优值最小. 除了这两个函数，对于剩下的函数，α_1 在 $[0.15,0.35]$ 范围内取值时它们值最优. 因此，综合考虑，我们建议选取 $\alpha_0=0.7$，$\alpha_1=0.25$.

表 10.3　$\alpha_0=0.7$ 时 pFA 对于不同 α_1 值在 30 维基准函数上的结果比较

函数	$\alpha_1=0.15$	$\alpha_1=0.35$	$\alpha_1=0.55$	$\alpha_1=0.75$	$\alpha_1=0.95$
f_1	0(0)	0(0)	0(0)	0(0)	0(0)
f_2	7.80e−280(0)	9.41e−282(0)	8.86e−279(0)	1.12e−280(0)	4.37e−280(0)
f_3	9.27e−127 (5.08e−126)	8.94e−133 (4.89e−132)	1.16e−155 (6.36e−155)	9.98e−148 (5.41e−147)	3.30e−97 (1.80e−96)
f_4	1.40e−239(0)	7.76e−242(0)	1.36e−238(0)	1.41e−241(0)	4.87e−242(0)
f_5	0(0)	0(0)	0(0)	0(0)	(0)
f_6	0(0)	0(0)	0(0)	0(0)	(0)
f_7	0(0)	0(0)	0(0)	0(0)	(0)
f_8	0(0)	0(0)	0(0)	0(0)	(0)
f_9	0(0)	0(0)	0(0)	0(0)	0(0)
f_{10}	1.13e−05 (1.01e−05)	9.88e−06 (1.06e−05)	1.18e−05 (9.54e−05)	1.04e−05 (9.87e−05)	1.03e−05 (1.27e−05)
f_{11}	0(0)	0(0)	0(0)	0(0)	0(0)
f_{12}	3.37e−15 (1.44e−15)	3.84e−15 (1.70e−15)	3.25e−15 (1.34e−15)	3.49e−15 (1.52e−15)	3.49e−15 (1.52e−15)
f_{13}	0(0)	0(0)	0(0)	0(0)	0(0)
f_{14}	0.0097 (3.16e−09)	0.0097 (5.65e−09)	0.0097 (1.65e−08)	0.0097 (8.64e−11)	0.0097 (2.38e−11)
f_{15}	−39.0518(3.2473)	−39.4378(2.0107)	−38.7370(2.5830)	−39.6825(2.8559)	−39.1156(2.1769)
f_{16}	4.01e−282(0)	1.27e−281(0)	2.17e−282(0)	1.38e−282(0)	9.86e−282(0)
f_{17}	0(0)	0(0)	0(0)	0(0)	0(0)
f_{18}	0.7197(0.2452)	0.7063(0.2046)	0.7107(0.2567)	0.7918(0.2931)	0.7459(0.2802)
f_{19}	6.43e−24 (3.52e−23)	1.42e−22 (7.82e−22)	1.02e−17 (5.62e−17)	9.87e−12 (5.39e−11)	1.95e−20 (1.06e−19)
f_{20}	0(0)	0(0)	1.13e−27 (1.98e−27)	2.06e−17 (6.46e−17)	4.80e−09 (9.40e−09)
f_{21}	0.0126 (5.86e−18)	0.0122 (4.89e−18)	0.0065 (3.47e−17)	0.0146 (5.06e−18)	0.0059 (1.51e−18)

10.2.3　试验 2：pFA 与 FA、RaFA 及 NaFA 的比较

通过 10.2.2 节，我们得到了 α_0 和 α_1 的最佳取值. 在本小节中，我们将通过试验验证 pFA 算法的性能. 在此试验中，pFA 将与 FA[77]、NaFA[93]和 RaFA[154]

在表 10.1 中的 21 个函数上进行比较. 为了更全面地检验 pFA 的性能，我们将分别在维度为 30、50 和 100 的条件下比较各算法的测试结果.

首先考虑问题的维度是 30 时的情况，表 10.4 给出了相应的试验结果. 观察表 10.4 可知，对函数 $f_3 \sim f_5, f_7 \sim f_{14}, f_{16}, f_{17}, f_{19} \sim f_{21}$ 而言，不管是最优值，平均值还是标准差，pFA 均优于其他算法. 在求解函数 f_{15} 时，原始 FA 的性能要优于其他算法. 尤其是对于函数 $f_5, f_7 \sim f_9, f_{11}, f_{13}, f_{17}, f_{20}, f_{21}$，pFA 算法的性能不但优于其他算法，还能够找到问题的最优值 0，并且其相应的平均值和标准差都为 0. 这就证明了 pFA 具有较高的寻优精度和较强的鲁棒性. 对于函数 $f_3, f_4, f_{10}, f_{12}, f_{16}, f_{19}$，pFA 找到的最优值接近于 0. 此外，对于函数 f_1, f_6，FA 和 pFA 均能找到最优值 0，而 RaFA 和 NaFA 未能找到. 最后，在函数 f_{14}, f_{18} 上，pFA 算法找到的最优值则与其他算法几乎一样.

表 10.4 FA、RaFA、NaFA 与 pFA 在 30 维基准函数上的性能结果比较

函数	算法	时间/s	最优值	平均值	标准差
f_1	FA	249	**0**	**0**	**0**
	RaFA	4	874.6161	2.11e+03	647.9445
	NaFA	9	450.5938	1.17e+03	508.6607
	pFA	62	**0**	**0**	**0**
f_2	FA	159	9.73e−322	0.8723	1.5287
	RaFA	4	13.2200	18.6540	3.3840
	NaFA	6	9.3045	15.1840	3.4537
	pFA	69	**1.26e−292**	**3.08e−279**	**0**
f_3	FA	25	551.8415	1.90e+03	874.7558
	RaFA	4	1.17e+03	3.18e+03	1.40e+03
	NaFA	8	1.59e+03	2.87e+03	799.3186
	pFA	93	**2.84e−273**	**1.65e−133**	**9.06e−133**
f_4	FA	25	0.0062	2.9432	2.5806
	RaFA	2	15.4290	20.0772	3.4026
	NaFA	5	10.3884	16.2469	2.7713
	pFA	76	**1.57e−254**	**1.19e−241**	**0**
f_5	FA	22	1.76e−04	2.2007	4.2620
	RaFA	4	174.1170	325.1527	77.6503
	NaFA	9	62.8256	183.4959	69.9538
	pFA	55	**0**	**0**	**0**
f_6	FA	164	**0**	**0**	**0**
	RaFA	5	0.0233	0.1905	0.2088
	NaFA	8	0.0025	0.0998	0.0747
	pFA	83	**0**	**0**	**0**

续表

函数	算法	时间/s	最优值	平均值	标准差
f_7	FA	33	7.59e−08	1.13e−06	6.33e−07
	RaFA	5	5.39e−08	5.39e−05	1.32e−04
	NaFA	8	1.01e−08	2.19e−06	2.82e−06
	pFA	83	**0**	**0**	**0**
f_8	FA	31	1.38e+06	4.91e+06	2.53e+06
	RaFA	5	5.80e+06	3.26e+07	1.79e+07
	NaFA	8	2.54e+06	9.51e+06	6.17e+06
	pFA	107	**0**	**0**	**0**
f_9	FA	1	1	2.5330	1.3322
	RaFA	0.5	1	2.4333	1.1351
	NaFA	0.7	0	1.9000	1.1552
	pFA	44	**0**	**0**	**0**
f_{10}	FA	1088	0.0193	0.0552	0.0250
	RaFA	31	0.0742	0.3144	0.2032
	NaFA	181	0.0705	0.2063	0.0900
	pFA	125	**3.30e−08**	**1.30e−05**	**1.35e−05**
f_{11}	FA	63	31.8386	53.5950	12.5248
	RaFA	4	101.9936	146.5316	21.3669
	NaFA	10	65.0032	99.0897	16.2696
	pFA	27	**0**	**0**	**0**
f_{12}	FA	22	6.21e−15	1.67e−14	5.31e−15
	RaFA	4	7.3980	9.5945	0.9476
	NaFA	9	5.5759	8.2415	1.1312
	pFA	30	**2.66e−15**	**3.49e−15**	**1.52e−15**
f_{13}	FA	27	5.02e−04	0.8384	0.3028
	RaFA	5	0.9594	0.9955	0.0076
	NaFA	46	0.7904	0.9476	0.0485
	pFA	35	**0**	**0**	**0**
f_{14}	FA	21	0.1270	0.2915	0.0843
	RaFA	3	0.4419	0.4735	0.0107
	NaFA	59	0.4297	0.4706	0.0127
	pFA	77	**0.0097**	**0.0097**	**2.16e−07**
f_{15}	FA	113	**−70.7927**	**−67.3345**	**2.2962**
	RaFA	5	−47.4986	−41.3536	2.7055
	NaFA	9	−53.9663	−48.5161	3.4484
	pFA	123	−45.8318	−39.5200	2.4386

续表

函数	算法	时间/s	最优值	平均值	标准差
f_{16}	FA	29	0.0302	0.3067	0.4919
	RaFA	4	7.1728	12.1989	2.5347
	NaFA	6	2.1486	7.6929	1.8520
	pFA	70	**1.58e–289**	**1.21e–282**	**0**
f_{17}	FA	17	30	56.1333	17.7234
	RaFA	5	66.8561	121.6540	23.2301
	NaFA	17	40.4044	69.3322	13.0052
	pFA	38	**0**	**0**	**0**
f_{18}	FA	47	**1.58e–27**	**0.1424**	**0.3472**
	RaFA	7	5.3744	530.7299	2.30e+03
	NaFA	13	5.9968	15.1325	7.0716
	pFA	182	0.3828	0.8048	0.3094
f_{19}	FA	35	2.18e+03	1.03e+04	5.44e+03
	RaFA	6	3.07e+04	5.82e+04	2.04e+04
	NaFA	11	9.83e+03	3.75e+04	1.45e+04
	pFA	135	**0**	**9.41e–18**	**5.14e–17**
f_{20}	FA	27	1.58e+04	2.63e+04	7.21e+03
	RaFA	4	2.27e+03	6.05e+03	2.27e+03
	NaFA	8	3.44e+03	6.76e+03	2.40e+03
	pFA	78	**0**	**0**	**0**
f_{21}	FA	30	0.0173	0.0173	3.34e–18
	RaFA	5	66.8561	121.6540	23.2301
	NaFA	17	40.4044	69.3322	13.0052
	pFA	38	**0**	**0**	**0**

表 10.5 和表 10.6 中的数据分别是问题的维数为 50 和 100 时的试验结果．将表 10.4～表 10.6 中的数据进行比较可知，随着维数的增加，FA、RaFA 和 NaFA 的性能会变得越来越差，而 pFA 得到的结果对有些函数几乎不变，有些函数反而更好．综上分析可知，相比其他三种算法，pFA 更加稳定和有效．

表 10.5　FA、RaFA、NaFA 与 pFA 在 50 维基准函数上的性能结果比较

函数	算法	时间/s	最优值	平均值	标准差
f_1	FA	49	3.03e–104	1.60e–04	6.17e–04
	RaFA	5	3.26e+03	5.15e+03	5.15e+03
	NaFA	7	2.67e+03	4.49e+03	4.49e+03
	pFA	68	**0**	**0**	**0**

续表

函数	算法	时间/s	最优值	平均值	标准差
f_2	FA	23	1.0787	13.9119	13.9119
	RaFA	4	29.6556	39.2844	39.2844
	NaFA	6	27.7283	38.6810	38.6810
	pFA	74	**3.31e−277**	**1.47e−266**	**1.47e−266**
f_3	FA	34	5.41e+03	9.71e+03	9.71e+03
	RaFA	6	4.09e+03	1.06e+04	1.06e+04
	NaFA	12	5.60e+03	9.23e+03	9.23e+03
	pFA	129	**5.39e−179**	**5.12e−62**	**5.12e−62**
f_4	FA	26	7.2956	14.0661	14.0661
	RaFA	3	18.3396	23.7321	23.7321
	NaFA	9	18.2441	22.5221	22.5221
	pFA	83	**4.44e−242**	**2.41e−234**	**2.41e−234**
f_5	FA	22	3.8608	42.1408	42.1408
	RaFA	4	726.9976	1.47e+03	1.47e+03
	NaFA	6	585.9786	1.06c+03	1.06c+03
	pFA	65	**0**	**0**	**0**
f_6	FA	41	2.51e−09	1.27e−04	1.27e−04
	RaFA	6	0.2298	0.9258	0.9258
	NaFA	01	0.2569	0.7123	0.7123
	pFA	118	**0**	**0**	**0**
f_7	FA	41	2.17e−07	1.34e−06	1.34e−06
	RaFA	6	6.67e−08	8.38e−05	8.38e−05
	NaFA	6	1.70e−09	3.98e−06	3.98e−06
	pFA	109	**0**	**0**	**0**
f_8	FA	38	6.40e+06	1.81e+07	1.81e+07
	RaFA	6	3.92e+07	1.06e+08	1.06e+08
	NaFA	10	1.12e+07	4.31e+07	4.31e+07
	pFA	150	**0**	**0**	**0**
f_9	FA	1	2	5.8000	2.2345
	RaFA	0.6	4	7.5667	7.5667
	NaFA	0.9	2	6.5000	6.5000
	pFA	52	**0**	**0.8000**	**0.8000**
f_{10}	FA	1422	0.0918	0.1879	0.1879
	RaFA	38	0.3719	1.0542	1.0542
	NaFA	230	0.4187	1.0951	1.0951
	pFA	168	**3.44e−07**	**8.09e−06**	**7.92e−06**

续表

函数	算法	时间/s	最优值	平均值	标准差
f_{11}	FA	44	60.6924	100.9517	21.1218
	RaFA	4	238.4711	300.2502	31.4020
	NaFA	8	180.3972	246.0055	24.5482
	pFA	31	**0**	**0**	**0**
f_{12}	FA	60	3.10e−14	1.1351	0.7038
	RaFA	4	9.2711	10.8784	0.8054
	NaFA	8	8.8794	10.6574	0.8643
	pFA	34	**2.66e−15**	**3.84e−15**	**1.70e−15**
f_{13}	FA	20	1.0000	1.0000	7.26e−10
	RaFA	4	1.0000	1.0000	1.48e−06
	NaFA	39	0.9937	0.9994	0.0014
	pFA	44	**0**	**0**	**0**
f_{14}	FA	73	0.4147	0.4798	0.0177
	RaFA	3	0.4850	0.4930	0.0031
	NaFA	64	0.4888	0.4932	0.0023
	pFA	82	**0.0097**	**0.0097**	**6.87e−08**
f_{15}	FA	38	**−70.1781**	**−66.0138**	1.9884
	RaFA	7	−40.9722	−37.7798	**1.8800**
	NaFA	13	−48.9140	−43.6976	2.6474
	pFA	167	−41.4030	−35.9725	2.5076
f_{16}	FA	28	0.7043	3.0358	6999.1
	RaFA	4	18.9912	25.1443	2.7943
	NaFA	8	16.6327	20.4971	2.5943
	pFA	76	**2.20e−277**	**1.43e−266**	**0**
f_{17}	FA	18	68	111.9750	28.0144
	RaFA	5	193.7580	258.1913	29.0084
	NaFA	23	150.2852	189.0966	23.2016
	pFA	43	**0**	**0**	**0**
f_{18}	FA	54	1.0212	4.6927	2.1361
	RaFA	9	9.7041	6.15e+03	2.20e+04
	NaFA	15	15.5344	1.14e+03	4.19e+03
	pFA	241	**0.5145**	**0.8954**	**0.2381**
f_{19}	FA	45	1.26e+04	4.59e+04	2.28e+04
	RaFA	8	8.21e+04	1.73e+05	6.05e+04
	NaFA	16	6.17e+04	1.23e+05	3.69e+04
	pFA	195	**0**	**1.95e−66**	**1.07e−65**
f_{20}	FA	30	2.98e+04	4.84e+04	1.29e+04
	RaFA	5	6.51e+03	1.05e+04	2.43e+03
	NaFA	9	7.90e+03	1.36e+04	3.53e+03
	pFA	92	**0**	**0**	**0**

续表

函数	算法	时间/s	最优值	平均值	标准差
f_{21}	FA	74	0.0091	0.0091	3.42e−18
	RaFA	61	0.0073	0.0073	4.39e−18
	NaFA	93	0.0062	0.0062	**2.24e−18**
	pFA	113	**0.0059**	**0.0059**	2.95e−18

表 10.6　FA、RaFA、NaFA 与 pFA 在 100 维基准函数上的性能结果比较

函数	算法	时间/s	最优值	均值	标准差
f_1	FA	28	1.25e+03	3.28e+03	1.61e+03
	RaFA	5	1.05e+04	1.39e+04	2.04e+03
	NaFA	8	1.24e+04	1.73e+04	2.75e+03
	pFA	79	**0**	**0**	**0**
f_2	FA	25	45.7986	93.6254	19.3097
	RaFA	4	75.6588	91.2161	8.1710
	NaFA	7	86.5001	105.3091	9.7488
	pFA	83	**1.51e−265**	**7.46e−265**	**0**
f_3	FA	33	6.76e+03	9.85e+03	2.40e+03
	RaFA	6	5.97e+03	9.63e+03	3.22e+03
	NaFA	13	3.91e+03	9.63e+03	3.22e+03
	pFA	129	**8.96e−199**	**1.32e−56**	**6.58e−59**
f_4	FA	29	19.7073	29.5103	3.3598
	RaFA	3	22.9635	29.3519	2.7539
	NaFA	6	25.5820	30.6770	2.2555
	pFA	91	**6.78e−237**	**2.67e−227**	**0**
f_5	FA	25	724.7314	2.04e+03	716.0177
	RaFA	4	4.13e+03	6.54e+03	1.19e+03
	NaFA	7	5.13e+03	7.82e+03	1.22e+03
	pFA	74	**0**	**0**	**0**
f_6	FA	56	0.2542	1.1921	0.6860
	RaFA	9	3.0133	6.3736	2.0038
	NaFA	16	4.0194	9.5038	2.7436
	pFA	197	**0**	**0**	**0**
f_7	FA	09	4.56e−07	1.41e−06	7.20e−07
	RaFA	8	1.53e−06	2.14e−04	8.78e−04
	NaFA	14	2.94e−08	3.41e−06	5.64e−06
	pFA	177	**0**	**0**	**0**
f_8	FA	55	3.44e+07	8.77e+07	2.27e+07
	RaFA	9	1.70e+08	3.71e+08	1.13e+07
	NaFA	17	9.24e+07	2.51e+08	9.16e+07
	pFA	260	**0**	**0**	**0**

续表

函数	算法	时间/s	最优值	均值	标准差
f_9	FA	2	9	17.3333	4.1133
	RaFA	0.8	19	24.5667	3.5006
	NaFA	1.3	15	21.2000	2.4691
	pFA	63	**4**	**8.2000**	**2.3839**
f_{10}	FA	2086	1.1660	3.0710	1.2766
	RaFA	56	3.9583	7.2508	3.0172
	NaFA	349	4.7223	11.4290	4.7380
	pFA	274	**1.04e–07**	**1.40e–05**	**1.43e–05**
f_{11}	FA	29	182.9112	283.1775	32.5341
	RaFA	5	666.9288	743.7117	43.0929
	NaFA	10	573.5190	643.1476	30.7975
	pFA	39	**0**	**0**	**0**
f_{12}	FA	28	6.2005	8.4004	1.1137
	RaFA	5	11.2087	12.1025	0.4671
	NaFA	11	11.0521	12.9293	0.6050
	pFA	38	**2.66e–15**	**4.08e–15**	**1.77e–15**
f_{13}	FA	27	1.0000	1.0000	0
	RaFA	1	1.0000	1.0000	0
	NaFA	5	1.0000	1.0000	0
	pFA	61	**0**	**0**	**0**
f_{14}	FA	115	0.4979	0.4991	4.12e–04
	RaFA	4	0.4980	0.4988	3.49e–04
	NaFA	71	0.4976	0.4987	3.83e–04
	pFA	93	**0.0097**	**0.0097**	**1.78e–08**
f_{15}	FA	58	**–62.4677**	**–59.1327**	1.7138
	RaFA	12	–38.9661	–34.5243	1.7015
	NaFA	23	–43.6207	–37.4587	2.0631
	pFA	270	–35.8802	–33.1229	**1.4444**
f_{16}	FA	28	12.8347	22.8740	4.6885
	RaFA	5	51.0554	61.2341	4.7078
	NaFA	9	52.8338	60.5799	4.9688
	pFA	90	**1.79e–265**	**2.50e–257**	**0**
f_{17}	FA	27	234.5053	322.2796	46.2017
	RaFA	5	575.2118	672.3144	46.8110
	NaFA	20	477.7268	546.7777	36.9873
	pFA	55	**0**	**0**	**0**

续表

函数	算法	时间/s	最优值	均值	标准差
f_{18}	FA	90	13.6919	42.0941	12.5882
	RaFA	15	237.7223	1.77e+05	2.70e+05
	NaFA	24	3.03e+04	1.82e+05	2.21e+05
	pFA	399	**0.7731**	**1.0352**	**0.0986**
f_{19}	FA	78	1.29e+05	2.36e+05	5.19e+04
	RaFA	14	3.45e+05	5.29e+05	1.11e+05
	NaFA	26	3.82e+05	5.66e+05	1.22e+05
	pFA	362	**0**	**1.95e−66**	**1.07e−65**
f_{20}	FA	45	6.43e+04	9.95e+04	2.72e+04
	RaFA	7	1.75e+04	2.45e+04	5.03e+03
	NaFA	15	2.16e+04	2.91e+04	4.63e+03
	pFA	152	**0**	**0**	**0**
f_{21}	FA	165	0.0038	0.0038	1.62e−18
	RaFA	29	0.0037	0.0037	1.93e−18
	NaFA	217	0.0033	0.0033	**1.15e−18**
	pFA	210	**0.0031**	**0.0031**	2.02e−18

为了进一步分析 pFA 的性能，我们分别给出了函数 $f_3, f_5, f_7, f_{11}, f_{15}, f_{19}$ 在维数为 30、50 和 100 时的收敛曲线，如图 10.2～图 10.4 所示．从图中可以看出，对于函数 $f_3, f_5, f_7, f_{11}, f_{19}$，当迭代停止时，pFA 几乎收敛到 0，且收敛速度很快，而 FA、RaFA 和 NaFA 这三种算法的收敛速度很慢，并且随着维数的增加，pFA 的收敛速度略有降低但仍然高于其他三种算法．对于函数 f_{15}，FA 则比 RaFA、NaFA 和 pFA 的收敛性好．

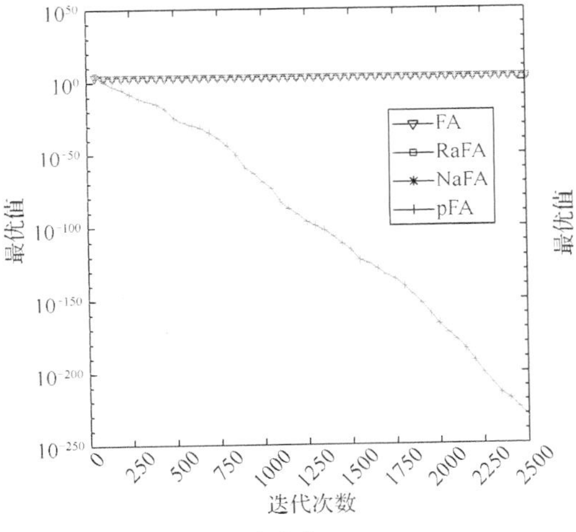

（a）f_3

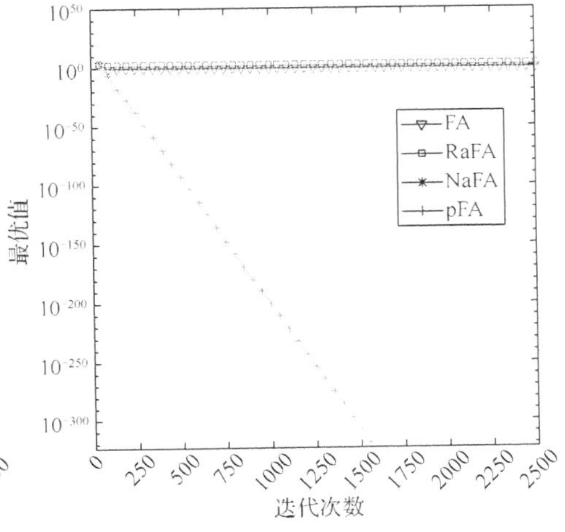

（b）f_5

图 10.2　$f_3, f_5, f_7, f_{11}, f_{15}, f_{19}$ 在 30 维时的收敛曲线

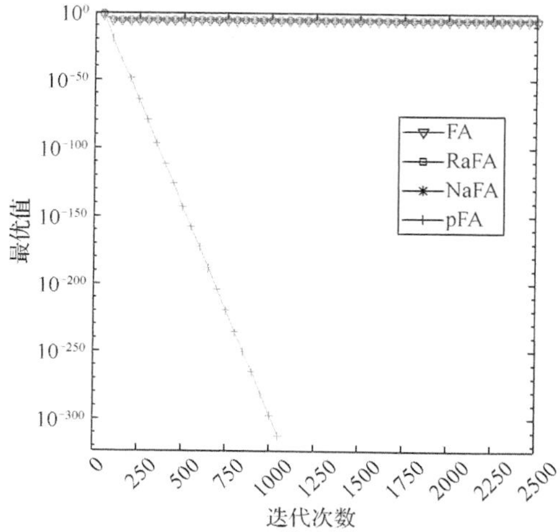

（c）f_7

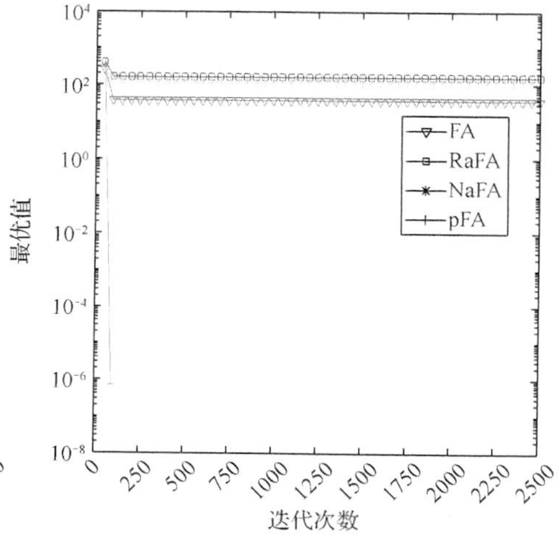

（d）f_{11}

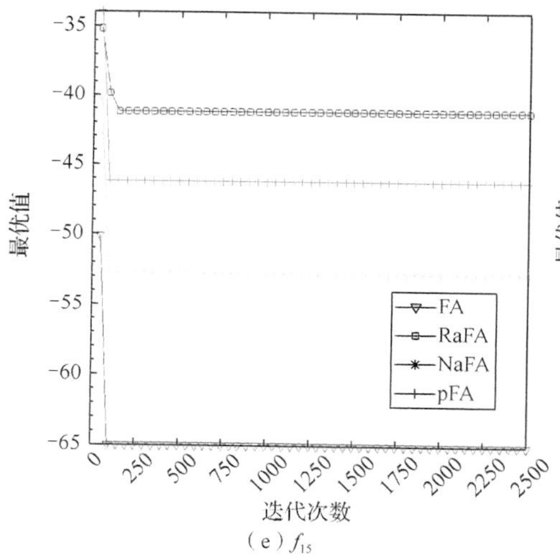

（e）f_{15}

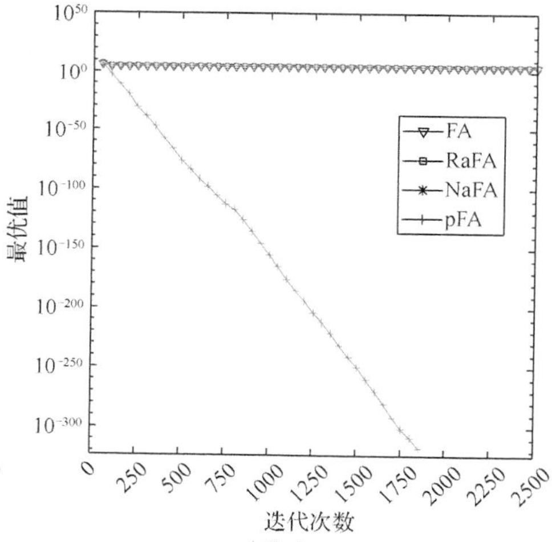

（f）f_{19}

图 10.2（续）

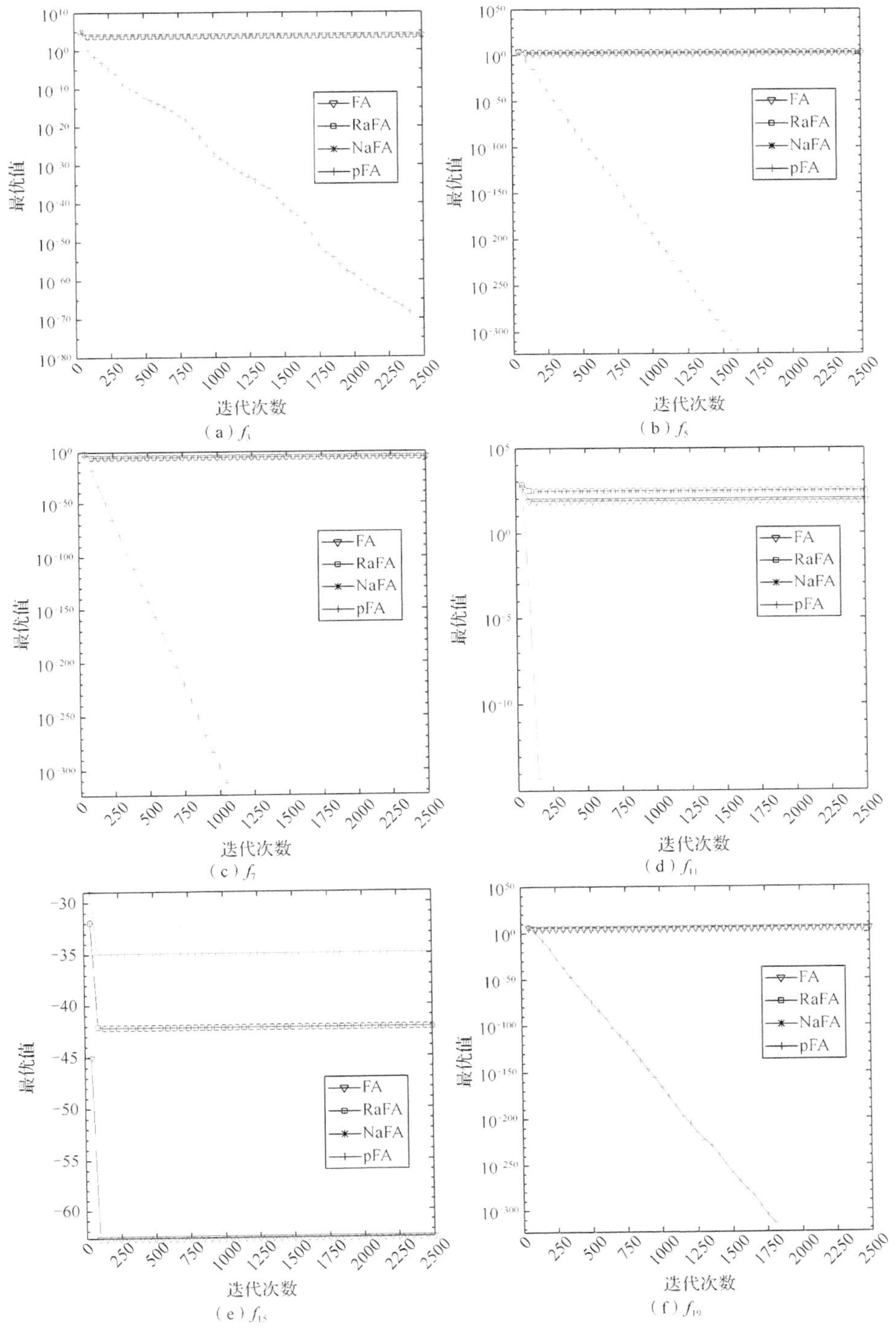

图 10.3　f_3, f_5, f_7, f_{11}, f_{15}, f_{19} 在 50 维时的收敛曲线

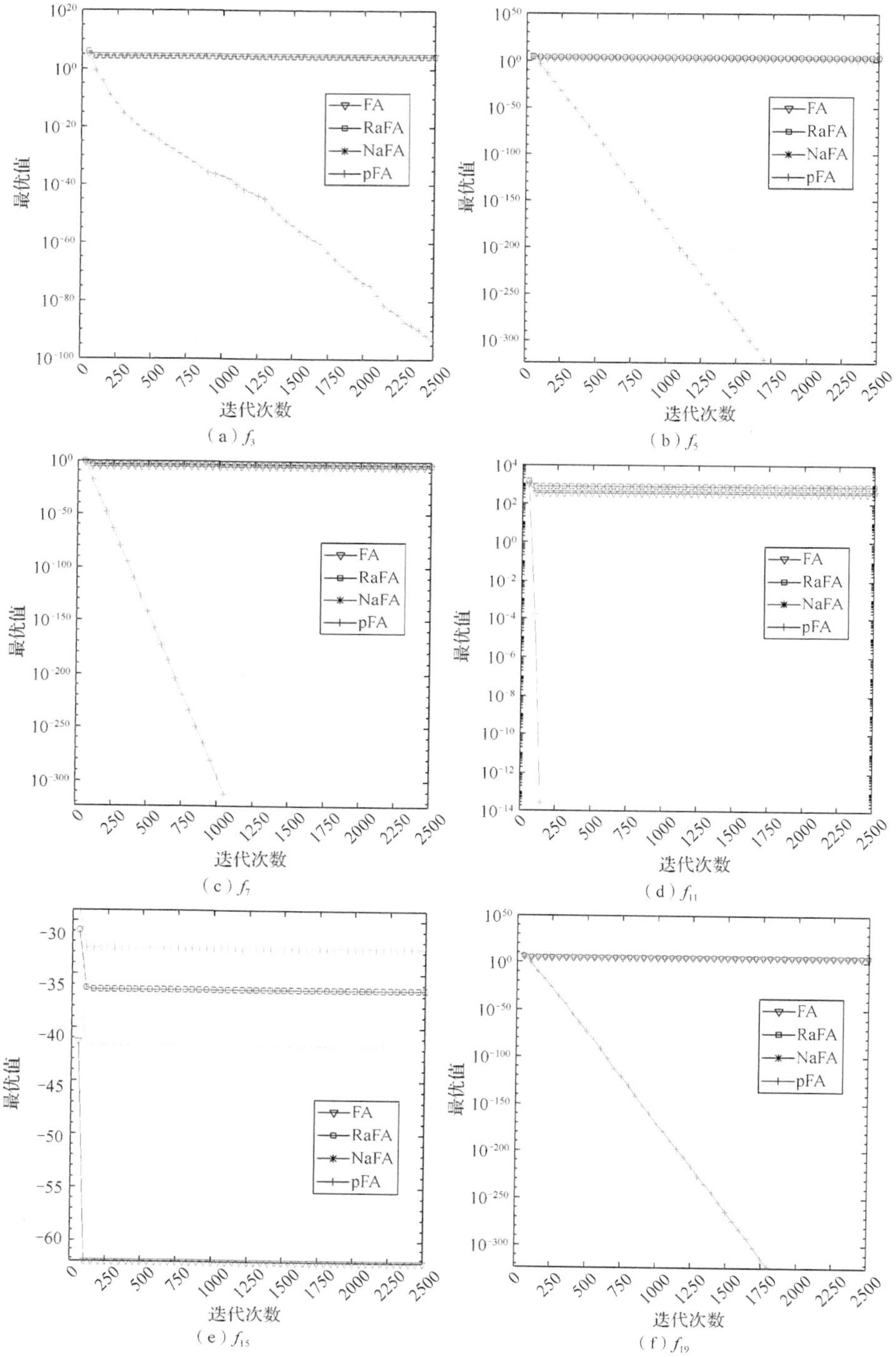

图 10.4　f_3, f_5, f_7, f_{11}, f_{15}, f_{19} 在 100 维时的收敛曲线

综上所述，对大多数函数而言，pFA 算法的性能要优于其他三种算法，并且可以有效地解决高维问题.

10.2.4　试验 3：pFA 与 DE 算法及其改进算法比较

差分进化（DE）算法是在 1995 年由 Storn 和 Price[91]首次提出的，它提出的时间比萤火虫算法早很多且相对更加完善. 在本节，我们将 pFA 与 DE[91]、chDE[155]、jDE[156]、aDE[157]和 IMMSADE[158]在函数 $f_1\sim f_9, f_{11}, f_{13}, f_{17}, f_{21}$ 上进行比较. 为公平起见，所有的参数设置均与文献[158]相一致. 对于每一个算法，其程序均独立运行 30 次，问题的维数和种群的规模分别设置为 30 和 100，最大迭代次数为 3000，仍采用平均值和标准差来判断算法的性能，其试验结果如表 10.7 所示. 除了 pFA 的数据，其他的数据均来自文献[158].

观察表 10.7 中的数据可知，对于函数 $f_1, f_3\sim f_7, f_9$，pFA 所得到的平均值和标准差均优于 DE 算法及其改进算法. 特别地，在函数 f_1, f_3, f_6, f_7 上，pFA 所得到的平均值和标准差都为 0. 对于函数 f_8，所有的算法得到的平均值和标准差均是 0. 对于函数 f_2, f_{17}，pFA 所表现出的性能要比 DE 算法及其改进算法差一些. 对于函数 f_{21}，pFA 得到的平均值和标准差略微差于 DE 算法及其改进算法.
整体而言，pFA 相对更加可靠和有效.

表 10.7　与 DE 算法及其改进算法的性能结果比较

函数	算法	平均值	标准差
f_1	DE	6.45e−37	9.42e−37
	chDE	1.02e−56	2.80e−56
	jDE	3.24e−39	3.48e−39
	aDE	2.63e−56	2.23e−56
	IMMSADE	5.68e−165	**0**
	pFA	**0**	**0**
f_2	DE	1.27e−05	1.41e−05
	chDE	1.65e−04	1.90e−04
	jDE	2.5800	1.2800
	aDE	1.23e−01	7.11e−02
	IMMSADE	**1.71e−137**	**9.20e−137**
	pFA	4.86e−55	2.66e−54
f_3	DE	1.08e−33	1.55e−33
	chDE	7.16e−53	2.08e−52
	jDE	2.11e−36	2.58e−36
	aDE	2.93e−53	2.68e−53
	IMMSADE	5.44e−161	2.93e−160
	pFA	**0**	**0**

续表

函数	算法	平均值	标准差
f_4	DE	4.16e−18	3.83e−18
	chDE	3.06e−34	4.40e−34
	jDE	3.40e−23	2.49e−23
	aDE	6.75e−33	4.42e−33
	IMMSADE	4.64e−48	2.50e−47
	pFA	**1.10e−321**	**0**
f_5	DE	1.99e−01	3.39e−01
	chDE	1.02e+01	5.0600
	jDE	1.91e−05	1.12e−05
	aDE	2.77e−04	1.10e−03
	IMMSADE	3.14e−88	1.69e−87
	pFA	**4.82e−283**	**0**
f_6	DE	8.13e−31	8.51e−31
	chDE	9.73e−51	1.97e−50
	jDE	1.57e−33	1.69e−33
	aDE	1.71e−50	1.74e−50
	IMMSADE	3.99e−165	**0**
	pFA	**0**	**0**
f_7	DE	1.49e−36	1.93e−36
	chDE	7.19e−56	3.33e−55
	jDE	5.34e−39	4.91e−39
	aDE	5.15e−56	5.00e−56
	IMMSADE	9.09e−125	4.89e−124
	pFA	**0**	**0**
f_8	DE	**0**	**0**
	chDE	**0**	**0**
	jDE	**0**	**0**
	aDE	**0**	**0**
	IMMSADE	**0**	**0**
	pFA	**0**	**0**
f_9	DE	4.32e−03	1.30e−03
	chDE	3.87e−03	1.02e−03
	jDE	4.88e−03	1.42e−03
	aDE	4.85e−03	1.41e−03
	IMMSADE	1.33e−04	7.24e−05
	pFA	**4.32e−06**	**4.04e−06**

续表

函数	算法	平均值	标准差
f_{11}	DE	**0**	**0**
	chDE	2.46e−04	1.33e−03
	jDE	**0**	**0**
	aDE	**0**	**0**
	IMMSADE	**0**	**0**
	pFA	0.0776	0.2426
f_{13}	DE	1.44e+02	2.20e+01
	chDE	2.5200	2.1300
	jDE	4.5900	3.5800
	aDE	**0**	**0**
	IMMSADE	**0**	**0**
	pFA	**0**	**0**
f_{17}	DE	**1.35e−19**	**2.40e−35**
	chDE	**1.35e−19**	3.13e−29
	jDE	**1.35e−19**	2.41e−35
	aDE	**1.35e−19**	2.41e−35
	IMMSADE	**1.35e−19**	2.95e−32
	pFA	0.5411	0.2116
f_{21}	DE	3.41e−01	4.50e−02
	chDE	1.60e−01	4.55e−02
	jDE	3.09e−01	4.01e−02
	aDE	3.18e−01	4.11e−02
	IMMSADE	**6.10e−02**	**1.72e−02**
	pFA	7.49e−02	1.98e−02

参 考 文 献

[1] GE R P. A filled function method for finding a global minimizer of a function of several variables[J]. Mathematical Programming, 1990, 46: 191-204.

[2] HORST R. Deterministic methods in constrained global optimization: some recent advances and new fields of application[J]. Naval Research Logistics, 1990, 37(4): 433-471.

[3] LEVY A V, MONTALVO A. The tunneling algorithm for the global minimization of functions[J]. SIAM Journal on Scientific and Statistical Computing, 1985, 6(1): 15-29.

[4] 吴至友．全局优化的几种确定性方法[D]．上海：上海大学，2003．

[5] HOLLAND J H. Adaptation in natural and artificial systems[M]. Ann Arbor: University of Michigan Press, 1975.

[6] KIRKPATRICK S, GELATT C D, VECCHI M P. Optimization by simulated annealing[J]. Science, 1983, 220: 671-680.

[7] HORST R. A general class of branch-and-bound methods in global optimization with some new approaches for concave minimization[J]. Journal of Optimization Theory and Applications, 1986, 51: 271-291.

[8] TUY H, HORST R. Convergence and restart in branch-and-bound algorithm for global optimization application to concave minimization and D.C. optimization problems[J]. Mathematical Programming, 1988, 41(1): 161-183.

[9] TUY H. Normal sets, polyblocks and monotone optimization[J]. Vietnam Journal of Mathematics, 1999, 27: 277-300.

[10] TUY H. Monotone optimization: problems and solution approaches[J]. SIAM Journal on Optimization, 2000, 11(2): 464-494.

[11] ZHANG L S, NG C K, LI D, et al. A new filled function method for global optimization[J]. Journal of Global Optimization, 2004, 28: 17-43.

[12] PARDALOS P M, ROSEN J B. Constrained global optimization: algorithms and applications[M]. Berlin: Springer, 1987.

[13] MICHALEWICZ Z. Genetic algorithms+data structure=evolution programs[M]. Berlin: Springer-Verlag, 1996.

[14] JACOB C. Evolution programs evolved[J]. Lecture Notes in Computer Science, 1996, 1141: 42-51.

[15] FORREST S. Genetic algorithms: principles of natural selection applied to computation[J]. Science, 1993, 261(5123): 872-878.

[16] 徐宗本，陈志平，章祥荪．遗传算法基础理论研究的新近进展[J]．数学进展，2000（2）：193-213．

[17] ONBASOGLU E, OZDAMAR L. Parallel simulated annealing algorithms in global optimization[J]. Journal of Global Optimization, 2001, 19: 27-50.

[18] ELMI A, SOLIMANPUR M, TOPALOGLU S, et al. A simulatedannealingalgorithm for the job shop cell scheduling problem with intercellular moves and reentrant parts[J]. Computer and Industrial Engineering, 2011, 61(1): 171-178.

[19] GOFFE W L, FERRIER G D, ROGERS J. Global optimization of statistical functions with simulated annealing[J]. Journal of Econometrics, 1994, 60(1): 65-99.

[20] KOLONKO M. Some new results on simulated annealing applied to the job shop scheduling problem[J]. European Journal of Operational Research, 1999, 113(1): 123-136.

[21] DORIGO M, STUTZLE T. Ant colony optimization[M]. Cambridge: MIT Press, 2004.

[22] BLUM C. Ant colony optimization: introduction and recent trends[J]. Physics of Life Reviews, 2005, 2(4): 353-373.

[23] DORIGO M, BLUM C. Ant colony optimization theory: a survey[J]. Theoretical Computer Science, 2005, 344(2/3): 243-278.

[24] DORIGO M, STÜTZLE T. The ant colony optimization metaheuristic: algorithms, applications, and advances[J]. International Series in Operations Research and Management Science, 2003, 57: 250-285.

[25] HORST R, PARDALOS P M, THOAI N V. Introduction to global optimization[M]. Boston: Kluwer A-cademic Publishers, 2000.

[26] HORST R, PARDALOS P M, PARDALOS PANOS M. Handbook of global optimization[M]. Dordrecht: Kluwer Academic Publishers, 1995.

[27] LI D, SUN X L, BISWAL M P, et al. Convexification, concavification and monotonization in global optimization[J]. Annals of Operations Research, 2001, 105(1): 213-226.

[28] SUN X L, MCKINNON K, LI D. A convexification method for a class of global optimization problems with application to reliability optimization[J]. Journal of Global Optimization, 2001, 21: 185-199.

[29] 张晋梅，孙小玲．单调全局最优问题的凸化外逼近算法[J]．应用数学与计算数学学报，2003，17（1）：20-26.

[30] GE R P. Finding more and more solutions of a system of nonlinear equations[J]. Applied Mathematics and Computation, 1990, 36: 15-30.

[31] GE R P, QIN Y F. The globally convexized filled functions for global optimization[J]. Applied Mathematics and Computation, 1990, 35: 131-158.

[32] LIANG Y M, ZHANG L S, LI M M, et al. A filled method for global optimization[J]. Journal of Computational and Applied Mathematics, 2007, 205(1): 16-31.

[33] LIU X. Finding global minima with a computable filled function[J]. Journal of Global Optimization, 2001, 19: 151-161.

[34] YANG Y J, LIANG Y M. A new discrete filled function algorithm for discrete global optimization[J]. Journal of Computational and Applied Mathematics, 2007, 202(2): 280-291.

[35] MAYNE D Q, POLAK E. A superlinearly convergent algorithm for constrained optimization problems[J]. Mathematical Programming Study, 1982, 16: 45-61.

[36] ZHANG J L, WANG C Y. A new conjugate projection gradient method[J]. OR Transaction, 1999, 3: 61-70.

[37] 陈宝林．最优化理论与算法[M]．北京：清华大学出版社，2005.

[38] 邬冬华，田蔚文，张连生，等．一种修正的求总极值的积分-水平集方法的实现算法收敛性[J]．应用数学学报，2001，24（1）：100-110.

[39] 邬冬华．求全局优化的积分型算法的一些研究和新进展[D]．上海：上海大学，2002.

[40] WANG W, YANG Y J, ZHANG L S. Unification of filled function and tunnelling function in global optimization[J]. Acta Mathematicae Applicatae Sinica, 2007, 23: 59-66.

[41] WANG W X, SHANG Y L. A new T-F function approach for discrete global optimization[J]. Journal of Computers, 2009, 4(3): 179-183.

[42] GROENEN P J F, HEISER W J. The tunneling method for global optimization in multidimensional scaling[J]. Psychometrika, 1996, 61(3): 529-550.

[43] SHEN P P, ZHANG K C, WANG Y J. Applications of interval arithmetic in non-smooth global optimization[J]. Applied Mathematics and Computation, 2003, 144(2-3): 413-431.

[44] WANG C F, LIU S Y, SHEN P P. Global minimization of a generalized linear multiplicative programming[J]. Applied Mathematical Modelling, 2012, 36: 2446-2451.

[45] GAO Y L, XU C X, YANG Y T. Outcome-space branch and bound algorithm for solving linear multiplicative programming[J]. Computational Intelligence and Security, 2005, 3801: 675-681.

[46] WANG C F, LIU S Y. A new linearization method for generalized linear multiplicative programming[J]. Computers and Operations Research, 2011, 38: 1008-1013.

[47] SCHAIBLE S, SODINI C. Finite algorithm for generalized linear multiplicative programming[J]. Journal of Optimization Theory and Applications, 1995, 87(2): 441-455.

[48] THOAI N V. A global optimization approach for solving the convex multiplicative programming problem[J]. Journal of Global Optimization, 1991, 1: 341-357.

[49] RYOO H S, SAHINIDIS N V. Global optimization of multiplicative programs[J]. Journal of Global Optimization, 2003, 26: 387-418.

[50] FALK J E, PALOCSA S W. Image space analysis of generalized fractional programs[J]. Journal of Global Optimization, 1994, 4(1):63-88.

[51] JIAO H W, LI K, WANG J P. An optimization algorithm for solving a class of multiplicative problems[J]. Journal of Chemical and Pharmaceutical Research, 2014, 6(1): 271-277.

[52] ZHOU X G, CAO B Y, WU K. Global optimization method for linear multiplicative programming[J]. Acta Mathematicae Applicatae Sinica, 2015, 31(2):325-334.

[53] ZHOU X G, CAO B Y. Global optimization of linear multiplicative programming using univariate search[J]. Advances in Intelligent Systems and Computing, 2011, 46: 51-56.

[54] ZHOU X G, CAO B Y. A simplicial branch and bound duality-bounds algorithm to linear multiplicative programming[J]. Journal of Applied Mathematics, 2013, 2013: 1-10.

[55] GAO Y L, WU G R, MA W M. A new global optimization approach for convex multiplicative programming[J]. Applied Mathematics and Computation, 2010, 216: 1206-1218.

[56] KONNO H, WATANABE, H. Bond portfolio optimization problems and their applications to index tracking[J]. Journal of the Operations Research Society of Japan, 1996, 39(3): 295-306.

[57] FALK J E, PALOCSAY S W. Optimizing the sum of linear fractional functions[M]. Recent Advance in Global Optimization. Edited by C A Floudas and P M Pardalos. Princeton: Princeton University Press, 1992.

[58] CHARNES A, COOPER W W. Programming with linear fractional functionk[J]. Naval Research Logistics, 1962, 9(3): 181-186.

[59] KONNO H, YAJIMA Y, MATSUI T. Parametric simplex algorithms for solving a special class of nonconvex minimization problem[J]. Journal of Global Optimization, 1991, 1(1): 65-81.

[60] KONNO H, YAMASHITA H. Minimizing sums and products of linear fractional functions over a polytope[J]. Naval Research Logistics, 1999, 46(5): 583-596.

[61] KONNO H, FUKAISHI K. A branch and bound algorithm for solving low rank linear multiplicative and fractional programming problems[J]. Journal of Global Optimization, 2000, 18: 283-299.

[62] JI Y, ZHANG K C, QU S J. A deterministic global optimization algorithm[J]. Applied Mathematics and Computation, 2007, 185(1): 382-387.

[63] WANG C F, SHEN P P. A global optimization algorithm for linear fractional programming[J]. Applied Mathematics and Computation, 2008, 204(1): 281-287.

[64] HORST R, TUY H. Global optimization deterministic approaches[M]. 2nd ed. Berli: Springer-Verlag, 1996.

[65] KONNO H, ABE N. Minimization of the sum of three linear fractional functions[J]. Journal of Global Optimization, 1999, 15(4): 419-432.

[66] KUNO T. A branch-and-bound algorithms for maximizing the sum of several linear fractional functions[J]. Journal of Global Optimization, 2002, 22: 155-174.

[67] WANG Y J, SHEN P P, LIANG Z A. A branch-and-bound algorithm to globally solve the sum of several linear ratios[J]. Applied Mathematics and Computation, 2005, 168(1): 89-101.

[68] BENSON H P. A simplicial branch and bound duality-bounds algorithm for the linear sum-of-ratios problem[J]. European Journal of Operational Research, 2007, 182(2): 597-611.

[69] 汪春峰，李娟，申培萍．线性比式和问题的全局优化算法[J]．河南师范大学学报（自然科学版），2010，38（3）：4-7.

[70] JIAO H W. A branch and bound algorithm for globally solving a class of nonconvex programming problems[J]. Nonlinear Analysis: An International Multidisciplinary Journal, 2009, 70(2): 1113-1123.

[71] PHUONG N T H, TUY H. A unified monotonic approach to generalized linear fractional programming[J]. Journal of Global Optimization, 2003, 26: 229-259.

[72] FEDEROWICZ A J, RAJGOPAL J. Robustness of polynomial geometric programming optima[J]. Mathematics Programming, 1999, 85(2): 423-431.

[73] SUI Y K, WANG X C. Second-order method of generalized geometric programming for spatial frame optimization[J]. Computer Methods in Applied Mechanics and Engineering, 1997, 14(1-2): 117-123.

[74] SHERALI H D, TUNCBILEK C H. Comparison of two reformulation-linearization tech-nique based linear

programming relaxation for polynomial programming problems[J]. Journal of Global Optimization, 1997, 10: 381-390.

[75] SHERALI H D. Global optimization of nonconvex polynomial programming problems having rational exponents[J]. Journal of Global Optimization, 1998, 12: 267-283.

[76] SHEN P P, ZHANG K C. Global optimization of signomial geometric programming using linear relaxation[J]. Applied Mathmatics and Computation, 2004, 150(1): 99-114.

[77] YANG X S. Firefly algorithm[J]. Nature-Inspired Metaheurstic Algorithm, 2008, 20: 79-80.

[78] WANG C F, SONG W X. A novel firefly algorithm based on gender difference and its convergence[J]. Applied Soft Computing, 2019, 80: 107-124.

[79] KENNEDY J, EBERHART R. Particle swarm optimization[C]//Proceeding of IEEE International Conference on Networks, 1995.

[80] WANG C F, SONG W X. A modified particle swarm optimization algorithm based on velocity updating mechanism[J]. Ain Shams Engineering Journal, 2019, 10: 847-866.

[81] YANG X S. A new metaheuristic bat-inspired algorithm[C]//Nature Inspired Cooerative Strategies For Optimization (NISCO 2010), Berlin, Germany, 2010.

[82] WANG C F, SONG W X, LIU L X. An adaptive bat algorithm with memory for global optimization[J]. IAENG International Journal of Computer Science, 2018, 45(2): 320-327.

[83] DORIGO M, STUTZLE T. Ant colony optimization[M]. Cambridge: MIT Press, 2004.

[84] FORREST S. Genetic algorithms: principles of natural selection applied to computation[J]. Science, 1993, 261(5123): 872-878.

[85] WANG C F, LIU K, SHEN P P. A novel genetic algorithm for global optimization[J]. Acta Mathematicae Applicatae Sinica, English Series, 2020, 36(2): 482-491.

[86] GANDOMI A H, YANG X S, ALAVI A H. Mixed variable structural optimization using firefly algorithm[J]. Computers and Structures, 2011, 89(23-24): 2325-2336.

[87] MARICHELVAM M K, PRABAHARAN T, YANG X S. A discrete firefly algorithm for the multiobjective hybrid flowshop scheduling problems[J]. IEEE Transactions on Evolutionary Computation, 2014, 18(2): 301-305.

[88] SAYADI M K, RAMEZANIAN R, GHAFFARINASAB N. A discrete firefly meta-heuristic with local search for makespan minimization in permutation flow shop scheduling problems[J]. International Journal of Industrial Engineering Computations, 2010, 1(1): 1-10.

[89] APOSTOLOPOULOS T, VLACHOS A. Application of the firefly algorithm for solving the economic emissions load dispatch problem[J]. International Journal of Combinatorics, 2012, 2011: 1-23.

[90] WANG C F, SHANG P P, SHEN P P. An improved artificial bee colony algorithm based on bayesian estimation[J]. Complex and Intelligent Systems, 2022, 8: 4971-4991.

[91] STORN R, PRICE K. Differential evolution-a simple and efficient heuristic for global optimization over continuous spaces[J]. Journal of Global Optimization, 1997, 11: 341-359.

[92] YELGHI A, KOSE C. A modified firefly algorithm for global minimum optimization[J]. Applied Soft Computing, 2018, 62:29-44.

[93] WANG H, WANG W J, ZHOU X Y, et al. Firefly algorithm with neighborhood attraction[J]. Information Sciences, 2017: 374-381.

[94] YU S H, ZHU S L, MA Y, et al. Enhancing firefly algorithm using generalized opposition-based learning[J]. Computing, 2015, 97(7): 741-754.

[95] TIGHZERT L, FONLUPT C, MENDIL B. A set of new compact firefly algorithms[J]. Swarm and Evolutionary Computation, 2018, 40: 92-115.

[96] NEKOUIE N, YAGHOOBI M. A new method in multimodal optimization based on firefly algorithm[J]. Artificial Intelligence Review, 2016, 46: 1-21.

[97] WANG B, LI D X, JIANG J P, et al. A modified firefly algorithm based on light intensity difference[J]. Journal of

Combinatorial Optimization, 2016, 31(3): 1045-1060.
[98] WANG H, ZHOU X Y, SUN H, et al. Firefly algorithm with adaptive control parameters[J]. Soft Computing A Fusion of Foundations Methodologies and Applications, 2017, 21: 5091-5102.
[99] YU S H, ZHU S L, MA Y, et al. A variable step size firefly algorithm for munerical optimization[J]. Applied Mathematics and Computation, 2015, 263:214-220.
[100] YANG M, WANG A M, SUN G, et al. Deploying charging nodes in wireless rechargeable sensor networks based on improved firefly algorithm[J]. Computers and Electrical Engineering, 2018, 72:719-731.
[101] WANG H, WANG W J, GUI Z H, et al. A new dynamic firefly algorithm for demand estimation of water resources[J]. Information Sciences, 2018, 438:95-106.
[102] GUPTA A, PADHY P K. Modified firefly algorithm based controller design for integrating and unstable delay process[J]. Engineering Science and Technology an International Journal, 2016, 19(1): 548-558.
[103] TAKEUCHI M, MATSUSHITA H, UWATE Y, et al. Firefly algorithm distinguishing between males and females for minimum optimization problems[R]. IEEE Workshop on Nonlinear Circuit Networks, 2015.
[104] RITTHIPAKDEE A, THAMMANO A, PREMASATHIAN N, et al. Firefly mating algorithm for continuous optimization problems[J]. Computational Intelligence and Neuroscience, 2017, 2017: 1-10.
[105] ALOMOUSH W, OMAR K, ALROSAN A, et al. Firefly photinus search algorithm[J]. Journal of King Saud University: Computer and Information Sciences, 2018, 32(5): 599-607.
[106] LLOYD J E. Bioluminescent communication in insects[J]. Annual Review of Entomology, 2003, 28: 131-160.
[107] OHBA N. Flash communication systems of Japanese fireflies[J]. Integrative and Comparative Biology, 2004, 44(3): 225-233.
[108] CHEN K, ZHOU F Y, YIN L, et al. A hybrid particle swarm optimizer with sine cosine acceleration coefficients[J]. Information Sciences, 2018, 422: 218-241.
[109] CHEN S, PENG G H, HE X S, et al. Global convergence analysis of the bat algorithm using a markovian framework and dynamical system theory[J]. Expert Systems With Applications, 2018, 114(Dec.):173-182.
[110] XUN C F, DUAN H B. Artificial bee colony (ABC) optimized edge potential function (EPF) approach to target recognition for low-altitude aircraft[J]. Pattern Recognition Letters, 2010, 31(13): 1759-1772.
[111] YU S H, ZHU S L, ZHOU X C. An improved firefly algorithm based on nonlinear time-varying step-size[J]. International Journal of Hybrid Information Technology, 2016, 9(7): 397-410.
[112] WANG S H, LI Y Z, YANG H Y. Self-adaptive differential evolution algorithm with improved mutation strategy[J]. Soft Computing: A Fusion of Foundations Methodologies and Applications, 2018, 22:3433-3447.
[113] ASSAD A, DEEP K. A hybrid harmony search and simulated annealing algorithm for continuous optimization[J]. Information Sciences, 2018, 450: 246-266.
[114] MAHMOODABADI M J, NEMATI A R. A novel adaptive genetic algorithm for global optimization of mathematical test functions and real-world problems[J]. Engineering Science and Technology, An International Journal, 2016, 19: 2002-2021.
[115] DEEP K, THAKUR M. A new mutation operator for real coded genetic algorithms[J]. Applied Mathematics and Computation, 2007, 193(1): 211-230.
[116] MANUEL L, MANUEL L, RAFAEL M, et al. A genetic algorithm for the minimum generating set problem[J]. Applied Soft Computing, 2016, 48:254-264.
[117] ZHOU X G, ZHANG G J, HAO X H. A novel differential evolution algorithm using local abstract convex underestimate strategy for global optimization[J]. Computers and Operations Research, 2016, 75: 132-149.
[118] LIAO T J, STÜTZLE T, MONTES DE OCA MA, et al. A unified ant colony optimization algorithm for continuous optimization[J]. European Journal of Operational Research, 2014, 234(3): 597-609.
[119] KARABOGA D, GORKEMLI B, OZTURK N. A comprehensive survey: artificial bee colony (ABC) algorithm and applications[J]. Artificial Intelligence Review, 2014, 42(1):21-57.
[120] MANJARRES D, LANDA-TORRESA I, LOPEZ S G, et al. A survey on applications of the harmony search

algorithm[J]. Engineering Applications of Artificial Intelligence: The International Journal of Intelligent Real-Time Automation, 2013, 26(8): 1818-1831.

[121] MEDJAHED S A, SAADI T A, BENYETTOU A, et al. Binary cuckoo search algorithm for band selection in hyperspectral image classification[J]. IAENG International Journal of Computer Science, 2015, 42(3):183-191.

[122] LU H, JOARDER K, A modified immune network optimization algorithm[J]. IAENG International Journal of Computer Science, 2014, 41(4): 231-236.

[123] TAHERKHANI M, SAFABAKHSH R. A novel stability-based adaptive inertia weight for particle swarm optimization[J]. Applied Soft Computing, 2016, 38:281-295.

[124] JIAO B, LIAN Z G, GU X S. A dynamic inertia weight particle swarm optimization algorithm[J]. Chaos, Solitons and Fractals, 2008, 37(3): 698-705.

[125] NICKABADI A, EBADZADEH M M, SAFABAKHSH R. A novel particle swarm optimization algorithm with adaptive inertia weight[J]. Applied Soft Computing, 2011, 11(4): 3658-3670.

[126] ZHAN Z H, ZHANG J, LI Y, et al. Adaptive particle swarm optimization[J]. IEEE Transactions on Systems, Man, and Cybernetics Part B(Cybernetics), 2009, 39(6): 1362-1381.

[127] YANG X M, YUAN J S, YUAN J Y, et al. A modified particle swarm optimizer with dynamic adaptation[J]. Applied Mathematics and Computation, 2007, 189(2): 1205-1213.

[128] ZHANG D, GUAN Z H, LIU X Z. Adaptive particle swarm optimization algorithm with dynamically changing inertia weight[J]. Control and Decision, 2008, 11: 1253-1257.

[129] HU M Q, WU T, WEIR J D. An adaptive particle swarm optimization with multiple adaptive methods[J]. IEEE Transactions on Evolutionary Computation: A, 2013, 17(5): 705-720.

[130] RATNAWEERA A, HALGAMUGE S K, WATSON H C. Self-organizing hierarchical particle swarm optimizer with time-varying acceleration coefficients[J]. IEEE Transactions on Evolutionary Computation, 2004, 8(3): 240-255.

[131] ARDIZZON G, CAVAZZINI G, PAVESI G. Adaptive acceleration coefficients for a new search diversification strategy in particle swarm optimization algorithms[J]. Information Sciences: An International Journal, 2015, 299: 337-378.

[132] JORDEHI A R, JASNI J. Parameter selection in particle swarm optimisation: a survey[J]. Journal of Experimental and Theoretical Artificial Intelligence, 2013, 25(4): 527-542.

[133] ALATAS B, AKIN E, OZER A B. Chaos embedded particle swarm optimization algorithms[J]. Chaos, Solitons and Fractals, 2009, 40(4): 1715-1734.

[134] RAPAIĆ M R, KANOVIĆ Z. Time-varying PSO-convergence analysis, convergence-related parameterization and new parameter adjustment schemes[J]. Information Processing Letters, 2009, 109(11): 548-552.

[135] MENDES R, KENNEDY J, NEVES J. The fully informed particle swarm: simpler, maybe better[J]. IEEE Transactions on Evolutionary Computation, 2004, 8(3): 204-210.

[136] LIANG J J, QIN A K, SUGANTHAN P N, et al. Comprehensive learning particle swarm optimizer for global optimization of multimodal functions[J]. IEEE Transactions on Evolutionary Computation, 2006, 10(3): 281-295.

[137] PARROTT D, LI X D. Locating and tracking multiple dynamic optima by a particle swarm model using speciation[J]. IEEE Transactions on Evolutionary Computation, 2006, 10(4): 440-458.

[138] WANG H, WU Z, RAHNAMAYAN S, et al. Particle swarm optimization with simple and efficient neighbourhood search strategies[J]. International Journal of Innovative Computing and Applications, 2011, 3(2): 97-104.

[139] YAZDANI D, NASIRI B, ALIREZA S M, et al. A novel multi-swarm algorithm for optimization in dynamic environments based on particle swarm optimization[J]. Applied Soft Computing, 2013, 13(4): 2144-2158.

[140] ZHANG Y, GONG D W, SUN X Y, et al. Adaptive bare-bones particle swarm optimization algorithm and its convergence analysis[J]. Applied Soft Computing, 2014, 18(7): 1337-1352.

[141] NOEL M M. A new gradient based particle swarm optimization algorithm for accurate computation of global minimum[J]. Applied Soft Computing, 2012, 12(1): 353-359.

[142] LIM W H, ISA N A M. An adaptive two-layer particle swarm optimization with elitist learning strategy[J]. Information Sciences, 2014, 273: 49-72.

[143] ZHAN Z H, ZHANG J, LI Y, et al. Orthogonal learning particle swarm optimization[J]. IEEE Transactions on Evolutionary Computation: A Publication of the IEEE Neural Networks Council, 2011, 15(6): 832-847.

[144] HAKLI H, UGUZ H. A novel particle swarm optimization algorithm with levy flight[J]. Applied Soft Computing, 2014, 23(5): 333-345.

[145] WANG H, SUN H, LI C, et al. Diversity enhanced particle swarm optimization with neighborhood search[J]. Information Sciences, 2013, 223: 119-135.

[146] BEHESHTI Z, SHAMSUDDIN S M H. CAPSO: centripetal accelerated particle swarm optimization[J]. Information Sciences , 2014, 258: 54-79.

[147] ESMIN A A, MATWIN S. HPSOM: a hybrid particle swarm optimization algorithm with genetic mutation[J]. International Journal of Innovative Computing, Information and Control, 2013, 9(5):1919-1934.

[148] ESLAMI M, SHAREEF H, KHAJEHZADEN M, et al. A survey of the state of the art in particle swarm optimization[J]. Research Journal of Applied Sciences Engineering and Technology, 2012, 4(9): 1181-1197.

[149] WANG C F, LIU K. A novel particle swarm optimization algorithm for global optimization[J]. Computational Intelligence and Neuroscience, 2016: 1-9.

[150] GAO W F, LIU S Y, HUANG L L. Particle swarm optimization with chaotic opposition-based population initialization and stochastic search technique[J]. Communications in Nonlinear Science and Numerical Simulation, 2012, 7(11): 4316-4327.

[151] SHIN Y B, KITA E. Search performance improvement of particle swarm optimization by second best particle information[J]. Applied Mathematics and Computation, 2014, 246: 346-354.

[152] SUGANTHAN P N, HANSEN N, LIANG J J, et al. Problem definitions and evaluation criteria for the CEC 2005 special session on real-parameter optimization[R]. Technical Report: Nanyang Technological University and KanGAL Report, 2005.

[153] WU G H, QIU D S, YU Y, et al. Superior solution guided particle swarm optimization combined with local search techniques[J]. Expert Systems with Applications, 2014, 41(16): 7536-7548.

[154] WANG H, WANG W J, SUN H, et al. Firefly algorithm with random attraction[J]. International Journal of Bio-Inspired Computation, 2016, 8:33-41.

[155] GUO Z Y, BO C, MIN Y, et al. Self-adaptive chaos differential evolution[C]//Proceeding of International Conference on Natural Computation, 2006.

[156] BREST J, GREINER S, BOSKOVIC B, et al. Self-adapting control parameters in differential evolution: a comparative study on numerical benchmark problems[J]. IEEE Transactions On Evolutionary Computation, 2006, 10(6): 646-657.

[157] NOMAN N, BOLLEGALA D, IBA H. An adaptive differential evolution algorithm[C]//IEEE Congress on Evolutionary Computation, 2011.

[158] WANG S H, LI Y Z, YANG H Y. Self-adaptive differential evolution algorithm with improved mutation mode[J]. Applied Intelligence: The International Journal of Artificial Intelligence Neural Networks, and Complex Problem-Solving Technologies, 2017, 47: 644-658.